U0330213

向世界聚落学习

王 昀 著

中国建筑工业出版社

著作权合同登记图字：01-2011-2928 号

图书在版编目（CIP）数据

向世界聚落学习／王昀著．—北京：中国建筑工业出版社，2011.9
ISBN 978-7-112-13422-9

I．①向… II．①王… III．①村落－空间结构－研究②民居－空间结构－研究 IV．① TU241

中国版本图书馆 CIP 数据核字（2011）第 147907 号

责任编辑：徐　冉　孙　炼
责任校对：肖　剑
图片摄影：王　昀
版式设计：宁　晶

向世界聚落学习
王　昀　著
*
中国建筑工业出版社出版、发行（北京西郊百万庄）
各地新华书店、建筑书店经销
北京嘉泰利德公司制版
北京盛通印刷股份有限公司印刷
*
开本：787×1092 毫米 1/12　印张：$22\frac{2}{3}$　字数：500千字
2012 年 1 月第一版　2012 年 1 月第一次印刷
定价：260.00元（精装版）
ISBN 978-7-112-13422-9
（21159）

自序

聚落是由人类聚合而形成的最基本的生活环境，聚落的内部呈现着人类最基本的生活状态，聚落的建造和完成过程展示着人类生存的本能和源于这种本能的建造过程。其中抒发着人类的本能愿望，采用着本能的建造方式并解决着与生活相关的基本问题。

聚落从来没有在正统的建筑史上出现过，因为聚落本身不辉煌，也没有“尊贵”的主人。聚落从来不存在随时代而变迁的所谓的为适合和表现“统治者”趣味的“风格”。有些聚落的“风格”存在并延续千年，而至今却依然适应着人的生活。

聚落不是“视觉性”的，聚落是“身体性”的。聚落是在“得体”与“合适”的判断基础上而获取的平衡体。聚落不存在有“东方”与“西方”的文化差别和在“风格”上的不同，聚落存在的只有在世界范围内人类解决生存问题时所表现出的智慧，而这种解决问题的方式对我们今天仍然富有启发和教意。

当如今的视觉世界和思维世界的整体被卷入“巴洛克”状态的时刻，在聚落中慢慢散步，体验空间并思考建筑的基本问题。

王 昀

2009 年 6 月 6 日于北京大学禄岛

目　录

第一篇　思考

缘起

摩洛哥聚落伯·塔腊拉（Bou Thrarar），位于卡斯巴街道附近，村内有45户居民。由于建筑的墙体材料取自于聚落周边的红土，形成建筑与周边环境协调的同时令人感到建筑如同从地面生长出来。

01.为什么关注聚落

在我读大学的20世纪80年代初期，正值中国的改革开放刚刚开始不久，当闭锁了几十年的国门朝世界打开时，眼前所呈现的缤纷景象令人无所适从。在“国力强大，建筑也必然强大”的信念驱使下，我们的眼光聚焦在了美国。

那是在1981年的年底，不少在20世纪70年代末期去美国考察的建筑师们陆陆续续地回国，伴随他们一同被带回来的是成千上万张的关于国外建筑的幻灯片。记得当时对于我们建筑系来说备受欢迎的活动就是请那些归国建筑师给我们这些没有见过世面的学生“拉洋片儿”。“高楼大厦就是现代化，就是我们的未来的生活”。瞬间我们所有的观念都被“洋片儿”所洗涤。然而这些建筑是在怎样的理论的指导下完成的？在视觉饕餮之后的理性驱使之下，一连串的疑问接踵而来。就在这时，一个叫“后现代主义建筑”（Postmodernism Architecture）的概念伴随着针对“洋片儿”所进行的理论解释呈现出来，说“现代主义建筑”（Modernism Architecture）已成为过去，世界已经到了“后现代”的时代。于是我们被这一“后现代”的理论搞得更加无所适从。我们太落后了，世界已经“后现代”了，我们该怎么办？于是我们都觉得必须奋起直追，争取赶上这个“后现代”的潮流。不过我们很快地找到了出口，仔细地读一下当时文丘里的理论，似乎很多是从传统中找灵感，特别是那本关于后现代的经典著作《建筑的矛盾性与复杂性》，里面居然还有一张从中国园林中所拍摄的圆形门的照片。对！我们应该从中国的传统中找出路，用现代的材料来表现中国传统的形式或者加入“文脉”和“符号”，就会赶上这个后现代的潮流，就会让中国的建筑现代化，就会实现我们赶上世界潮流的梦想。于是，一时间从传统中寻找“文脉”和“符号”就成为当时建筑师的“主攻”方向，而对于我们这些学生，向传统学习自然地成为主流。

在向“文脉”和“符号”进行主攻的过程中，由于对于传统建筑的研究对象的不同，事实上呈现出了两种趋势：一种是从传统的宫殿、庙宇、府邸和陵墓这些官制的、宏大的、正统的建筑中去寻找形式与文脉；而另一个趋势则是从传统的民居中去寻找。记得那时有一本《浙江民居》的研究著作，据说是20世纪50年代的研究成果，但拖延到了80年代才出版，由于前辈们的心血和多年的沉淀，书籍一出版立即引来民居研究的热潮。加上当时建筑系的学生和老师并没有更多的新建筑可以“参观”，于是“民居”从那个时代直至今天便成为一个“活着的”乃至可以从中抽取多样性文脉和符号的对象物。

然而纵观这一系列“民居”研究体系的整体，我们发现：尽管关注民居研究的学者与关注宫殿庙宇以及陵墓的学者们在观察的对象上有所不同，但是事实上，研究的根基和期待却是一致的，那就是关注“个体”，关注村落中的大宅院和有钱人的“好房子”。而这一视点和立场实际上恰恰又是受正统建筑史的研究视点的影响所致。希望在民间这个体系中寻找出民间的“官制”建筑，其结果也就是说我们仍然将观察的视点放在个体建筑上，力图寻找村落中的“宫殿”和村落中的“府邸”、“庙宇”。尽管所有这些个体建筑均隶属于一个群体之中，但由于我们受正统的建筑史的长年熏陶，面对群体的特征视而不见，仍然将研究目的和关注的对象放在个体，力图从单一的对象物中寻找出材料、做法以及形式上的内容。

自20世纪80年代末期开始，伴随着一股新的“解构”风潮的出现，“后现代”被迅速地送入坟墓。我们曾经狂热地追逐过并试图赶超的风潮，突然之间丧失了生命与魅力。而对于我们这些刚刚毕业不久的自认为已经找到些世界建筑的发展方向的建筑系的学生又重新被送上了思想的迷途。此间，“符号”、“文脉”的意义已经不再像几年前那么重要和荣耀，甚至显得有些“土”，而如何将结构拆散和分裂又重新成为大家工作和学习的重点。这种突变对于我们这些通过努力似乎感觉已经摸到些“后现代”脉搏的刚刚毕业的学生而言无疑地会再度感到混乱。记得那时杂志上出现的很多的建筑对我个人来说已经是一个“看不懂的东西”了。

然而建筑究竟是什么？建筑仅仅是一个“风格”的游戏还是一个生活的容器？作为建筑师应该如何去设计建筑？建筑师与其所设计的建筑之间究竟又有怎样的关联？带着诸多的迷茫以及对于建筑的不解开始了我的近十年的聚落之旅。

聚落和聚落研究

从某种意义上来说，对于聚落的兴趣点实际上最初还是来源于学生时代对于民居的思考。当时毕业设计时曾经到云南走访过一些村落，感到村落中有一种生活，比起那些“人去楼空”的宫殿或已成为博物馆的府邸以及那些作为阴宅的陵墓，聚落是活生生的，建筑与生活在里面的人是有关联并相互照应、互为一体的，而宫殿、府邸却如同没有生命的蜡像。同时还发现，聚落的魅力并不是缘由其中的某一栋房子，聚落中的所有房子的集合所造成的整个关系比单一的民居更有魅力，鉴于以往我们的研究多是以民居个体为着眼点，为了区别群体和个体在状态上的关系的不同，我们将“聚落”这个更能体现人们某种生活聚合状态的概念加以引入，以区别以往的作为个体突出的“民居”概念的思考。

聚落与我们以往理解的村落看似没有多大的区别，但实际上从聚落定义的内涵上来理解包含的却不仅仅只是村落，如前所述，所谓聚落，指的是人类聚集生活的一个集合体。因此聚落概念的外延实际上包含有两个部分，一是村落，也就是那种小的乡村；还有一部分——实际上是非常重要的——那就是城市。而实际上村落是我们“昨天的人类聚集生活的集合体”，而城市则是我们“今天人类聚集生活的一个集合体”。如果从这一点上看，那么相对于“今天的城市”，村落实际上是属于“昨天的城市”。

然而昨天的城市和今天的城市又有哪些区别呢？从一个最为本质的角度上看，当今的城市大多是在法律文件的规制下发展起来的，是以某种众多的人在聚集的过程中所表现出的共性特征通过法规的形式来约束和造就的。而村落是依照村落使用者自己的使用要求“自发”地建设而成的。这两个部分的共通点，就是二者都是由人类居住的群体并依据相互关系所产生的形态，它们共同地构成了“聚落”这样的一个概念，有所不同的是村落是自发的，而城市是被规定的。尽管城市的早期形态有时也是以自发的情形居多，并在后期逐步为法规所规制，但是现代的城市从大的范围上看往往还是以人为的规划产生为主。

我们在这里所谈到的“聚落”，如果从概念上来理解，尽管它是一个非常大的概念，但是具体到我们现实当中，由于相关于聚落的外延中所包含的城市的部分出现了“城市研究”的分野，于是在具体的聚落研究当中，聚落这个概念的外延就变得非常的窄小。我们这里所谈到的聚落，实际上是指那些自然形成的人类集合聚居所形成的聚合体。而我们之所以会把眼睛落在“昨天的城市”——聚落上，而非今天的城市，是因为聚落本身保留着一种相对稳定的形态，处于一个不活跃期，而这一点对于我们的研究是非常重要的，因为我们在观察一个人类聚集的场所的时候，如果要研究那里的生活状态，你以一个动态的生活状态为研究对象，还是以一个相对稳定的生活状态为研究对象，你的研究方法和研究视点是不同的。

而聚落中所呈现的“状态”实际上是聚落生活中的人以一种“无意识的”状态完成的。街道的宽度，房间的布局、尺度，体现着人的本能表现和需求。因为在现存的聚落当中，你会发现有很多人聚集生活在其中；而且他们所进行的那些建筑活动，即村落的营造活动，都是一些本能的活动。住宅都是人类本能建造的居所，而不是建筑师为他们设计好、规划好的，比起现在的城市则带有某种偶然性。但对于城市而言有大量的规划性的产物，因为城市有法规的约束，是受一些人为的限制而形成的东西，其中有多少人“本能”的东西，实在值得思考。然而聚落的形成却很少有人为的限制，它们往往是一种自然的、没有规则的状态，即没有所谓的人为的规定，完全是靠人的需要，来自居民自身的约定俗成的规则而形成的。而且住居的大小和规模也是根据自己的经济和对于空间的支配感觉，以及自己的家庭人口等因素来考虑的。因此，今天当建筑逐渐地脱离了人的本能需求而趋向“视觉化”和“表演化”的现实情况下，聚落本身或许能给我们更多的“本质”层面的启示。

为什么研究聚落

世界各地的聚落形态存在着很大的差别，有的时候甚至两个相差仅仅十分钟路程的聚落，其形态就有可能是不一样的。为什么会出现这种情况呢？细分析一下，就会发现保存完好的聚落一定是处于交通和信息不发达的地方，一定是“很难去”的地方，很好去的地方也许有特殊形态的聚落，那往往也是被“保护”的结果而不是自然生存的结果。所以说聚落之所以会产生这种地域和文化的鲜明特征，一个重要的条件，就是只有在比较封闭的环境条件下才能够形成特殊性的文化。例如第一次世界大战时期的荷兰是中立国，周围的国家都在进行战争，事实上这个中立也是被战争包围的中立。由于与周围国家和地域之间的交流受到影响，在一个相对闭锁的情况之下而产生了“风格派”的艺术。这种风格派艺术的产生很大程度上是由于封闭所造成的一种文化在国家内部的发酵。再比如我们中国，在 20 世纪 60 ~ 70 年代那段特殊的历史时期，由于封闭产生了一种特有的文化，而这种文化至今人们还在进行研究，就是“文革文化”。这种文化不管你喜欢与否，它是我国在 60 ~ 70 年代这段时期所产生出来的一个特定的文化现象。

现在的中国，伴随国际化的趋势，表面上与世界其他国家之间逐渐地走向趋同化。然而世界无论怎样走向趋同，其内部如同聚落一样实际上存在有一种微差。这个微差，是构成现代社会和未来世界的一个非常有启发意义的东西，因为一切追求特质的东西，必然要封锁交流。因为如果进行交流就会走向大同，而当世界走向全球化的时候，文化的微差就是这个大同中的不同，学会从大同中发现微差，需要现代人的智慧。

如果从聚落的角度举例来说的话，比如你会发现在云南这个地方非常的丰富和有魅力，因为这里山势地形复杂，以前从一个地区到另一个地区，交通困难，从而使每个区域相对独立和稳定，这也就给不同的民族提供了一个相对独立的生活区域，这与平原上所产生的文化完全不同。在现代云南这个区域中你仍然能看到不同的民族的生活和不同的聚落，这是由于历史上曾经的封闭与稳定造成的。在这里你可以发现相同地域中采用相同材料、相似造型，却组织出不同生活的做法。在那里，你可能看到傣族的房子、爱尼族的房子、基诺族的房子，特别是爱尼族和基诺族的房子，表面上看你不会感觉这两个民族的房子在造型上有什么不一样，可是如果你仔细地进行观察的话，你就会发现它们之间的区别，因为房子内部的空间布局以及各个住宅在整个聚落中所处的位置实际上都有很大的不同。比如爱尼族聚落的整体布局呈沿地形的等高线方向排列，而基诺族的住宅却依照直通向山顶的道路的两侧排列。尽管两个民族均处在同一个地域当中，由于相同的自然条件，包括房子所使用的材料，在形式上似乎都会形成具有相似性的房子，但是从生活以及文化最根本的角度上来看，这种相似性之中实际上又存在有非常大的微差，而这一点对于我们今天的建筑设计具有很大的价值和意义。因为当世界的材料、做法和工艺均趋同的现实条件下，如何体现不同的生活，如何体现“微差”是很重要的功课，而这些聚落所呈现出的状态正给我们以多方面的启示。

以往我们对聚落的观察往往局限于地域的概念，对于聚落研究的范围也往往以所谓中国的、印度的、地中海地区的、非洲的等区域的概念来划分，比如认为四合院只有北京才有，院落式的住宅形式只有中国才有等封闭的研究视点下的理解，在实际的通过世界范围的聚落调查时发现，西班牙的住居同样地也采用院落式的居住系统。还有窑洞也并不是只有中国才有，同样在西班牙的南部也有窑洞的居住方式。所有这些都说明着同一种居住状态，在世界的其他地方或另一端同样也可以找到。而这种很强的类似性表明，作为人类当面临自然解决之际生存空间的确立时如同蜜蜂筑造蜂巢一样，具有某种本能性特征之外，在实际解决生活问题时所采取的手段也具有类似性。从这一点出发，我们可以进一步地推想，如果世界上的人们在解决自己的生活方式的时候都采用相似的技术和相似的材料时，那么一个不同于封闭时代的新的风景就可能由此展开。

另外，虽然聚落本身是一个地域性的产物，但是当我们在世界范围内对于聚落的地域性进行观察之后，发现不同地域的聚落所形成的多种多样的形态事实上在我们观察者的头脑中形成了一个“世界风景”。而在对这种世界风景的观察过程中我们也清楚地意识到，以往的我们常常提及的所谓“东方”和“西方”的概念并不存在，那种以所谓西方教堂来比对中国寺庙所得来的“优劣”的概念也不复存在，当我们的视点从那些作为“视觉性”建筑而存在的宫殿、庙宇以及陵墓转而回归到作为满足人类的基本需求的“聚落”时，你会发现所谓的西方的聚落或中国的聚落，又或非洲的聚落没有东西方之分，也没有文化高下之分，更不存在优劣之分，存在的只有作为人类在面对大自然创建家园时所采取的智慧的不同，存在的只有因人类所处的地点的不同，所能够采取到的应用材料的不同，以及为解决与自然相对抗时所采取的手段的不同。

聚落调查的过程中我们发现，世界各个地方的聚落中所呈现的居住建筑的形式是多种多样的，非常的丰富。这是因为人们所处地域的状态不同，造成了人们在解决生活问题时存在着差异。因此，作为建筑师不应单纯地从形式上去看待聚落，而是从一个解决人类世界与自然之间的相互关系，解决人类实际生活问题的范例来对聚落进行研究，这或许与我们今天的设计有所关联。

聚落确实与我们今天的生活，特别是现代化的生活距离得越来越远，而正在逐渐地成为昨天的遗产，但是“昨天的城市”对于未来的发展方向却能提供指针性的启示。现在我们研究聚落，如果你只把聚落当成一个村子来看待，当成与现代城市不同的场所来看待，当成怀旧和释放乡愁情绪的场所来看待，或许能够获得一种情绪上的愉悦、满足或惆怅。但当从一个更加理智和整体的角度来观察的话，事实上能够获得更多的对于今天具有教示意义的元素。聚落是昨天的城市，旧的东西往往就是新的。如果我们能够从一个辩证的角度去观察聚落，从聚落中发现具有现代意义的特征，从聚落中挖掘丰富的内涵作为我们明天建筑和城市设计的营养来看待，这是我们聚落研究的意义所在。

上图为青海省西宁互助自治县土族聚落丰台沟聚落，一户户住居平行排列，住居前面就是自家耕种的田地。
下图为中国福建省初溪村土楼聚落建筑群，聚落由方楼和圆楼两部分混合布局，每个单体住居的尺度之大犹如当代的城市建筑。

聚落研究与民居研究的区别

前面我们实际上已经多少涉及这个话题，但在这里有必要再做些进一步的说明。在我看来：聚落调查，实际上是通过对存在于聚落中的物及聚落中的人的生活状态的观察来实现聚落调查的目的。

调查时，当身处不同聚落的时候，之所以会有不同的感觉，并不仅仅因为某一个房子的造型让你产生了不同的感觉，而是生活在房子当中的人，是他们的生活和积淀转化到房子上之后造成造访者以不同的感觉。房子在这个层次上来理解只不过是作为一个媒介物存在的，因为通过房子你应该进一步了解那里的民族，了解那里居民的文化、生活状态。只有当通过房子能够体验到、意识到这一点的时候，聚落研究才会产生意义。

从这个意义上讲，聚落研究的过程，实际上是一个“直观”的过程。而这里我所说的“直观”，并不是指调查者一定要分析出来很多聚落中的所谓的人文或历史意义，而是以一个建筑师，或者说以将来准备从事建筑设计的人的视点对于聚落进行观察。这个聚落观察之所以不同于历史学家、人类学家等对于聚落的观察，就在于作为建筑师在观察聚落时，其角度和视点具体地说来就是视点要从空间的角度，以及从人和人之间的交流的角度出发，而这是我们进行聚落研究的本质和最终目的。

通过聚落研究能够了解和体会到聚落中的人的存在和价值，以及不同房子和不同背景下的人的存在状态的不同是一件非常有意义的事情。实际上聚落中的房子是人的另一件外衣，是人的显现物，就是说，当你远看一个聚落时每一个房子与房子之间的关系其实就是聚落中人与人之间关系的表现。聚落中的房子，是人的外壳。如果我们设想当这个显性的外壳的东西——房子不见了的时候，你可以想象，分布在聚落中的一个个的居民，实际上是以一组组的家庭的方式，分布在一个空旷的荒野上。在这种情形下房子本身便丧失了意义，真正的聚落呈现的是人与人的关系。房子是遮蔽这些居民身体的外衣，人的身体与房子的密切关联性的存在是聚落的特征。

在聚落调查中，有的聚落你会感觉很有情趣，面对它们你会想到这里的居民也是有情趣的。如果是一个非常奇怪的聚落，或者你一进去就感觉到阴森森的，你会想到这个村子的居民的内心是带有一种不安定和一种恐怖的感觉。比如我们在摩洛哥调查的时候，有些聚落当你一进去，就好像聚落中没有人居住一样，没有小孩在玩耍，极为安静，安静得如同空城，而这时我们的心情也会感觉非常不安。此时突然有一个居民出现，并当得知你要来聚落中进行调查的时候，特别是当知道你还要进行测绘和作图时，会表现出异常的警惕，且往往都会表示拒绝。因为这里的居民怕泄露了聚落中的秘密，而当遇到这种情况的时候，最好赶快离开，如果贸然行动的话将会遭遇不愉快。而有些聚落当你进去后会感觉特别的轻松、阳光，聚落中的小孩会出来跟在你后面跑，这时候你进去就觉得没有任何问题。所以从这些表面现象，你会发现很多聚落的表情与人的表情之间的关系是一样的。这是我们这些聚落研究者实际体会到的东西。由此看来聚落和人之间的关系是非常密切的，并且聚落也是建造和生活在聚落中的人们表情的载体。

在对聚落进行具体调查的过程中，我们不可避免地首先遇到民居，而对聚落中的每个民居进行观察的过程实际上就是对聚落的观察。但是这种整体的对于聚落观察的视角与单体的对于民居的观察有所不同。民居研究所关注的是聚落中的“房子”本身，注重形式，关注“房子”本身的构造、使用的建筑材料以及“房子”的平面构成等。但是聚落研究却不同，聚落研究更关注一种“关系”，关注房子本身的同时，更加关注房子与房子之间的关系。而这种关系似乎已经脱离了作为房子而存在的“物质”本身，这里的物质指的是聚落中的民居。而聚落研究通过这种“关系”的变化，比如根据聚落中的街道的宽窄、广场的大小、聚落的聚合状态等，来对聚落进行“性质”上的判断。而这种街道的宽窄、广场的大小是非物质性的，同时这些非物质的部分又是与每个房子的室内（非物质的部分）是连通的，是渗透了室内外之间的“虚空”的部分。从这点上看，聚落研究的概念是在一个更大范围意义上的对于“空间”进行观察的研究。

从建筑师的视点看聚落

我们所从事的聚落研究，是以建筑师的立场来研究聚落，因此需要我们的视角是空间的视角。至于宗教问题，有的时候即使你不是特意地去考察，它在聚落当中也会显示出来，因为在我们看来聚落中所有的宗教以及文化的积淀都会在建筑物上自然流露显现出来的。而建筑物是由人建成的，而所谓的文化和宗教信仰是附着在人的身体上的，如果文化和宗教脱离了人的身体，就只会成为形式上的文化和形式上的宗教。正因为这一点，我们更相信人在建筑物的建造过程当中，即利用身体在盖房子的过程当中，居民和建造者会在建造的过程中，无意识地将他们对生活的理解和个人的喜好以及其文化背景的制约转换到聚落的构成关系上。

如果用宏观的视点来看待世界现代建筑的状况，这种关系同样是存在的，因为虽然世界上有很多的现代建筑，但是不同地域的现代建筑的表现是不同的。我们都知道现代建筑是从欧洲发源和启蒙的，可是你会发现在欧洲地区范围内，法国人的现代建筑和德国人的现代建筑是不一样的，同时他们与荷兰人的、西班牙人的、葡萄牙人的现代建筑的表现都是不一样的，包括北欧的一些现代建筑，他们可能采用的是同一种设计语言和手法，使用的是同一种设计理论，但是设计出来的建筑的整体感觉却是不一样的。而这实际上就是因为他们彼此间身体中所固有的民族文化存有差异性，这种差异所造成的结果往往是对于相同的东西产生出不同的理解，因此最终解决问题的方式就有所不同。然而这个不同并不是完全不一致，而是在一种一致的前提下的微差的表现，即所谓在一个共同意识的层面下，由微差呈现出价值，这是我们在现代社会当中所面临的一个值得研究和思考的事情。

前面谈到了“聚落研究”与“民居研究”的不同，实际上这种不同主要还是“视点”上的不同，而并不意味着“聚落”本身发生了变化。当然对于“昨天的城市”的研究一定是多视角的研究，但对于我来说，“聚落”的视角似乎与我作为“建筑师”的身份有关。建筑师是“空间”的工程师，而这种空间的本身实际上就是一种关系而不是“物”，于是这里便有对同一对象物所产生的不同的感触。

上面我们谈到了聚落和民居，这两个词并不仅仅是概念上的不同，而是观察对象物的视点的不同。比如说以往的民居研究大多关注建筑本身，关注对象物的个体的存在，关注房子本身的平面、材料及做法。这样的视点事实上将我们引向个体的部分，然而在我看来，如前所述，聚落的魅力实际上不单纯地体现于一个房子本身，而在于房子与房子之间的相互关系的整体的价值，也正是这个价值的存在，我们关注聚落本身的聚合状态的表现，所以我们才更加强调聚落的概念。

而这个整体的概念，实际上还贯穿于我们对于聚落的整体的思考上，那就是进一步地将每一个聚落视为个体，从整个地域和整个世界的范围再来看聚落与聚落之间的相互关系。在这样的思路的前提下，我们在对聚落进行调查时，并不是长时间地对单一的聚落进行深入的观察，而是从地域的范围，用“划过式”或叫“穿越式”的方式来对聚落进行考察。以一个建筑师的视角寻找在穿越的过程中所感受到的聚落的微差和变化。

我们在调查聚落的过程中发现，由于聚落的组成是基于一种共同幻想的作业来完成的，所以在一个聚落中尽管每一个住户的居住形式有所不同，但是从一个聚落的整体上来观察，住宅之间的共同性要远远大于住宅之间的微差的变化。所以我们在观测时着重对于一个聚落中的典型的住宅重点地进行观察的同时，更会将住宅本身放在聚落整体的背景之下观测聚落中住宅之间的空间关系和空间的组成关系。

贵州黎平县茅贡乡东部寨头村聚落，是一个侗族聚落，聚落在中心位置有一个被称为"鼓楼"的"塔"状建筑。聚落周边布满居民耕种的水田，聚落内部有水系环绕在村内的各个部分。这种聚落中有水系环绕的特点与当地具有相似形态的苗族聚落形成鲜明对照。

贵州省黎平县的肇兴聚落，是一个侗族聚落。每个侗族聚落一般只有一个鼓楼，而这个聚落中却拥有五个鼓楼，这表明曾有五个不同聚落的居民共聚于此。五个鼓楼存在着造型的不同，标志着组群之间微差的存在，这一点也正是当代城市所拥有的特征。

02.两种不同的建筑史

以往我们对于人类社会建筑文化的理解，一律以壮大、宏伟的概念为指导，比如建筑史中所记录的神庙、教堂、宫殿等都是这种思考沿线上的重点和中心问题。因此建筑师在学习期间所学的建筑史，基本上是这些推崇具有宏大叙事史诗般意义的建筑，我们称这样的建筑史为正统的建筑史。又由于这些正统的建筑的背后有一个英雄般的人物——建筑师，于是我们又将这个建筑史称为“英雄的建筑史”。而与这个“英雄建筑史”相并行的，事实上还存在着延续几百年甚至上千年的那些既不伟大也不知名的分布在世界各地的人类生活的聚落，以及那些同样地更无从知晓的聚落的建造者们。诚然那些神庙、教堂和宫殿都非常精彩，但是当我们看到那些精彩的普通人生活的聚落时，心灵同样地被打动，相对于正统建筑史中人去楼空的“死亡了的建筑”躯体，聚落中人们至今仍然继续着他们的生活，是有生命的形态。

实际上这个问题不仅仅只反映在建筑上，我们对于文化的认知和理解也同样经常将处于优势地位的权威层面的文化和普通大众的一般层面的文化相互对立起来。这两个层面的构造关系，实际上构成了权威层面和大众层面的不同，同时也构成了古典建筑和聚落之间的不同。

前面我们谈到，学习建筑学的学生在读书期间一定要学习建筑历史，这个建筑历史是以东方和西方建筑历史来进行划分的。从内容上来看，西方的建筑史基本上讲解的是陵墓、宫殿、教堂和府邸等内容，而东方的建筑史讲解的也是同样的内容。这些建筑基本上是官制的建筑，是“物”的建筑，建筑史也是将这些建筑作为“物”来进行讲解，并从建筑的材料、结构、建造技术、美学形式、装饰等方面进行分析。由于不同时代的统治者在不同的文化层面上对于建筑进行纹饰和造型变化上的操作，以及个别建筑师在其间进行的风格形式上的操作，因此在人们的观念中，建筑一直是作为一种“风格”来被认识的。一部正统的英雄的建筑史，实质上是一部“风格”的历史，而“风格”本身，究其本质是一个“视觉”的操作史。在这样以“风格”操作为主导的思想下，作为单体的建筑的地位和操作也就被放大和夸张了。于是，建筑历史作为一部英雄的史诗，建筑师成为史诗中的英雄人物一定要在他的有生之年创造一种风格，于是建筑便在这样思想的驱使下脱离了其原本的内涵，而作为一个视觉的对象物产生，同时，这个英雄的建筑史便一直作为一个与人的身体不再发生关系，只作为与视觉发生关系的对象物而存在。

与这部视觉操作的英雄的建筑史的发展同时进行的，是那些平时被我们忽略掉的、非统治阶级的、民间大众的、没有建筑师设计的建筑史。这部历史在我们的建筑历史教科书中从来没有涉及，当然也无法涉及。因为这些没有建筑师的建筑不存在风格的变迁，几百年甚至几千年来一直以同一种所谓的风格存在于世界上，因为这些建筑来源于人的身体的需要、生活的需要，这些建筑存在于人们的生活中。

英雄的建筑史

英雄的建筑史从整体上讲是一部风格历史，它表现在这部历史试图以点带面地去概括人类生活的丰富性和多样性的历史。这种试图以某一种风格来概括建筑历史的做法实际上抹杀了建筑的丰富性，也与实际的大众的生活形成很大的偏差。

在所谓的西方建筑史中，一直在试图以一个雅典卫城的帕提农神庙作为建筑的原点，力图从各个时期寻找代表其时期的“帕提农”，以不同风格的“帕提农”来概括不同时代的整个建筑的历史，像这样将一个个非常个体的、风格的不同的各时期的建筑串联起来就形成一部连续的建筑历史，如从古埃及的金字塔，古希腊的神庙，再到中世纪和文艺复兴等。其中文艺复兴时期的建筑实际上不过仅仅是古希腊的样式的复兴而已，然而之后的问题就出自这里，之后的建筑仅仅成为一种形式被做成为视觉符号式被放大，而从建筑史的实际建筑中也可以证实自文艺复兴以后，英雄的建筑史进入了一个急速发展时期，之后经历了巴洛克和洛可可直致 19 世纪末期。而实际上在这种以视觉形式为发展主线的过程中，经历了不断的视觉冲击、视觉繁复、视觉变化，但总体上都是在个体的上面进行叠加和演变。直到 20 世纪初期，当工业从根本上改变了手工业而以工业的视点重新回到建筑的“初原”的状态时，“风格”的历史才宣告结束。

然而尽管风格的历史在 20 世纪初告一段落，但是英雄建筑的修史的方式没有改变，于是即使到了现代，英雄的建筑史始终都存在这样的问题，就是不论是哪一个阶段的历史，建筑史的教科书中所列出的不过就是某个大师的某几个作品。所以学生们得到的信息是，这个建筑师代表的就是他那个时代的所有建筑师的智慧，他所设计的建筑就代表了那个时代的所有的建筑。因此这样的一部建筑史，它所提供给我们的信息，从某种意义上来说，跟那个时代的大众的生活，以及那个时代的实际的社会情形，是不吻合的，很有可能带有很大的偏颇。而这种偏颇似乎成为我们所有学建筑学的人认识建筑的唯一一条道路，而且我们现在还在不断为之而努力。事实上，现实的社会或者说整个历史的发展并不是这么简单的，而是非常多样和复杂的。

在这样一部“形式”的建筑史中，我们只能够从“风格”上对于建筑进行推演，推演下一个时代的风格和形式。然而真正的建筑，那些延续千年仍然被大众使用着的建筑实际上与“风格”无关。

上图是希腊雅典的帕提农神庙，一个长久以来一直作为正统样式而成为英雄建筑史中所推崇的典型代表，而神庙的这个立面也成为其后千百年来建筑师进行设计时竞相模仿和遵守的样本和典范。
下图为北京西部近郊爨底下聚落中一个普通的民宅立面，尽管没有经过“设计”，但其同样展现着严谨的比例和构成要素相互之间的和谐关系。

没有建筑师的建筑

与英雄的建筑相对应的是聚落这个民间的共同体，这个共同体以其简朴和旺盛的力量使其生命至今仍在延续和繁荣，而过去那些书写在英雄的建筑史中的建筑，如同一个炫耀、肥胖的身躯正在朝向繁复扭曲的方向发展，力图在历史的进程中创建新的风格。然而对比这种风格的变化，没有建筑师的建筑却与风格无关。

即使是处在相同时代的聚落，各个地方的聚落都是各具特色的，既不模仿其他聚落的形态，也不按照相同的形式来建造自己的聚落，而是根据各自地域的文化，包括地域的风土文化，按照自己固有的形式向前发展，而且各个聚落的发展脉络几乎是没有间断过的。因为生活没有改变，所以这些可能在一千年前修建的聚落，至今仍然被使用着，因为它的生命是一直在延续的。

那么聚落没有经过设计为什么同样还能够给人以美感？这是多年以来带给我们的困惑和不解。在我看来，聚落的美和聚落的魅力正是因为聚落与人和人的生活息息相关，紧密联系，物是“生活”的显现物，“物”之作为“生活的显现物”与“物”之作为“物”的存在在本质上完全不同。

在摩洛哥的聚落调查中我们发现，那里的建筑的墙厚度大约都在45厘米左右，为什么呢？难道每一个房子在建造之前都经过有力学的计算？当我们得到答案的时候，非常吃惊，原来当地居民在确定建筑的各个部分的尺度的时候，是依照人身体上的相关部位的尺度，比如墙的厚度依照人的肘臂的长度，窗框的宽度是 4 根手指并拢时的宽度，房间的高度是人直立时高举起手的高度。也就是说，当地的居民在建造聚落和住宅建筑的过程中，将人体的尺度、人体的比例、人体的数学关系等在不自觉的状态下完全地投射到聚落以及住宅当中。因此我们所看到的，或者说展现在我们面前的聚落，恰恰体现的是人体的尺度和人体的比例的美学。所以聚落与人本身密切相连，人体的尺度与客观的对象相联系，完美的人的尺度在聚落的建造中被移植到（隐藏到）聚落中便产生了美。

聚落的建造是一个无意识的过程，这比现代的模数的概念似乎更加具有生命力，比如柯布西耶的模数，它只适用于柯布西耶自己设计的建筑，但是赖特不到 1.7m 的身高就让赖特的建筑显得矮平，而这些都与设计者的身体有关。然而如果将这种个人化的身体的尺度作为一个普遍价值进行推广的话是存在有问题的，特别是对于建筑，因为每一个建筑、每一个对象其建筑的结果只应该与建筑师自己的尺度相符合。聚落在建造的过程中，通过人体的尺度将建筑有形化，并通过这种有形化将人身体的秩序加以实现，而这种被实现了的秩序就是大众的纯粹的精神的创造。因为在身体的尺度的转换过程中，以“合适”作为判断的标准在这过程中起支配作用，而每个人的“合适”的潜像有所不同，所以身体转换的过程会因人而异，也和个体密切关联，应该说“合适”的潜像是一个综合的文化默化的结果。

我们现在对于文化建筑这个概念的理解存在有误区，似乎认为只有美术馆和博物馆这种性质的建筑才是文化建筑，才具有文化象征。这种理解实际上仍然是英雄的建筑史观所造成的影响和遗毒。我以为文化是从“一群”的个性中寻找出的共性，因为共性寓于个性之中，聚落的文化表征是我们对聚落的体验之后带给我们的经验。

我们曾经调查过位于摩洛哥南部的聚落。摩洛哥整个地形被北面的两道山脉分成三段，形成北部、中部和南部。南部地区基本上是沙漠地带，北部地区的一些聚落受伊斯兰的影响很大，而中部地区有很多波尔波尔族人生活和居住的聚落。这些波尔波尔族人居住的聚落拥有着与帕提农神庙相媲美的震撼效果。虽然一个个单体的建筑都是很小的普通的房子，可是聚落整体的感觉如同一个由各个小建筑共同形成的巨大整体。聚落的整体就是一个建筑。

解决人和自然的关系的问题是聚落对我们今天仍有教示意义的一点。在聚落调查的过程中，聚落巧妙地处理人和自然的关系，以及在自然中合理地形成一套完整的体系关系，并将复杂的社会化的关系巧妙地与自然相结合，最终将一个共同体的存在从自然中显现出来，这些恰恰是我们今天的城市观、建筑观中所缺少的。

表面上看聚落是一种物的集合体，然而这种聚合的物的状态实际上是人的行为状态所显示的结果。由于聚落的本身表示着人类一种行为状态，于是通过聚落的研究就可以发现人的集体行为观念的类型和状态。

不同于“英雄建筑史”的聚落研究

聚落研究不能采用和沿用以往的英雄建筑史的观察视角。前面我们谈到民居研究的最大的问题是我们把视点又落到聚落中的“豪宅”上，可是“豪宅”往往与大众生活之间相去甚远。

这样的民居研究思路，存在有一个巨大的偏差点，就是我们总是用一个传统的建筑史观，试图在民居当中找出一个典型的形式，以便使其成为我们能够或应该学习的形式，或是我们当今时代应该学习的范本。这种研究关注的是一个一个的个体的概念，而对于这个概念的研究，不论我们投入多少精力，我们根本无法找出一个脉络，因为我们是把一个整体的聚落拆散了，只拿出来一个东西进行研究。这些误区的发生正是因为我们受到了一个“风格”、“形式”的发展史的影响，所以我们在教科书中所学习的英雄建筑史，在我们头脑当中留下的是一个个的片断，是点状的历史。因此在观察聚落时我们往往又很自然而然地将自己的视点放在了聚落中个体建筑的形式及形式的发展问题上。

此外，不论是雅典卫城，还是原始聚落，实际上都有令我们感动的部分。但是当你看到雅典卫城的时候，你会感到整个建筑的历史，不过就是雅典卫城的延续而已，或者说只不过是对其形式的不断的演变、不断的改进，或者不断的变形而已，换句话说没有什么东西能够超过它的经典性及其震撼力和序列的布置。但是当你看到聚落的时候，你会看到不同地区的不同文化背景以及风土下的聚落的生命力，它们对你的感动，一定比单纯看某一个建筑的个体来得更加丰富和震撼。

上图为摩洛哥的乌里兹（Ouriz)聚落，建筑的过程是用夯土的方式来完成的，在这个夯土的过程中，人的尺度通过建造过程而转换到建筑之中。

中国山西大同周边菜地沟村聚落中，住居用土坯砌筑后采用与制作土坯同样的黄土材料作为表面的抹灰饰面，隐蔽了建筑的构造关系的同时获得了细腻的表皮。浑厚的建筑立面配合以纤秀的用废旧的陶瓦水管制成的排雨水口，给人以不经意间获得完美的感觉。

摩洛哥的聚落建筑大多使用当地的黄土作为建筑的材料，使用夯土和土坯结合建造建筑是这一带建筑的主要特征。或许为了起到“点睛”的作用，这个建筑在其入口部分和窗户以及其建筑的屋顶等处采用了白色涂料加以粉刷，以达到“醒目”的目的。

03.聚落的风景与居民的共同幻想

风景和聚落的风景

从字典的解释上看，所谓“风景”，指的是自然环境中的山水人文的总称，即：在一定的条件之中，以山水景物，以及某些自然和人文现象所构成的足以引起人们审美与欣赏的景象。这里的景象既包括山、水、植物、动物、空气、光、建筑等自然界中的物理元素，又包括人对景物的体察、鉴别和感受能力，例如视觉、听觉、嗅觉、味觉、触觉、联想、心理等反应，以及个人、时间、地点、文化、科技、经济和社会各种条件等。然而在我看来，在人与自然所构成的关系这个层面上来说，存在有几个不同的风景，一个是大自然的现实的风景，一个是现实的风景投射到人的视网膜上的风景，还有就是，人的意识中的风景以及人的意识中的风景投射到现实之中所形成的新的风景，而这种风景一经投射完成又会形成现实的风景。

对于第一个风景来说，是大自然的风景，是三维立体的现实的风景；另一个是这个立体的现实的风景投射到观察者视网膜上所形成的二维平面的风景，即所谓的视网膜上的风景，这种视网膜上的风景通过视神经传给大脑，并在人的头脑中形成的一种感受型的风景。这个感受型的风景与现实的风景有关，但它不是现实风景的全部，确切地说是一个歪曲了的现实的风景。而人的意识中的风景，是一个模糊的风景，如果能够被我们看到，那一定是在梦中或许又被投射到人的视网膜上，那个时候我们一定是在闭上眼睛的时候，是在视网膜没有受到现实风景投射的时候，于是我们的头脑中或者说我们的意识中的风景便悄然地投射到我们的视网膜上而被我们看到（极端的个人的解释）。这个投射到我们视网膜上的风景还会通过另外一个手段表现出来，那就是通过我们的创作，即通过我们的创作，在创作过程当中产生出来，而建筑设计就是这样的一个风景的创作过程。

聚落的整体形态是给人造成印象的重要元素，这些形成人的印象的元素作用在观察者的脑海中，所形成的一个印象的整体形成了一种风景。非洲的撒哈拉沙漠的飞沙、地中海的蓝色天空、海拔 3900 米高原的藏族聚落等，所有这些现实和超现实之间的行走，记忆中便构成了聚落的风景。

实际上我们去调查聚落的时候，一个有意思的现象是，当你到一个地方看到聚落及其周围的风景的时候，你会根据你过去的经验来对眼前的聚落风景进行判断，这说明相同的文化背景往往会营造出相似的风景，我们对于聚落的把握、风景的把握意义非常重要。因为聚落调查之后，给我们留下非常深刻而强烈印象的，或者是能够渗透到我们心灵当中、记忆当中的东西，实际上最后我们能够感觉到的并不是每一幢一幢的建筑，而是整个聚落的风景。

关于共同幻想

所谓共同幻想，是说在某一种特定环境之下，在一个信息交流并不是非常发达的环境里，整个聚落拥有的一种相对固有的文化特征，包括宗教信仰和聚落中的居住者对于周围自然环境的认识、对于材料的认识、对于防御自然灾害的认识等方面，以及聚落内部人和人之间的关系。

共同幻想的存在带来一个结果，那就是我们会发现同一聚落中的住居具有非常强的统一感，即聚落中的建筑形式非常的统一，表现出生活在聚落中的居民的相互近似的文化认同和生活理解。

聚落中的居住者在建造聚落时，由于聚落所处的地理环境相对比较封闭，信息不发达，不同的民族都会带有很强的各自文化的传统模式，保留有各自根深蒂固的文化传承，由于不同的聚落之间或者民族和民族之间的文化交流也没有像现在这样频繁，而且那个时候如果要从一个地方到另一个地方，由于交通的不发达，可能需要走上几天几夜，所以这种交流的不频繁，实际上造成部族与部族之间在文化等很多方面的交流基本上处于不发达，且各自较为封闭的状态。相对封闭环境中的居民，其成长过程所接触的和生活环境基本上就是周围的那些人、周围的那些环境以及周围的那些房子，在他们的脑子里的想象根本无法超越除此之外的其他东西，所以他们对于生活的理解和生活习惯基本上是一致的，因此他们在盖自己的房子的时候，一定会按照原来建筑的模式建造同样形式的房子，在这里大家的观念是统一的。我们在调查当中发现，在同一个聚落当中，居民们所支配和建造的房子的面积都差不多大小，除非这个人是地主老财，或者是当地的头人，他们所建造的房子会比其他的人家大一点。但是有的时候就连他们这些人家建造的房子也和普通人家的房子的面积基本差不多，没有什么太大的区别。这说明在聚落中居住者都拥有一个共同的面积尺度的标准概念。此外，住宅和住宅之间的间距，建筑所采用的材料、建造水准基本上处于一个非常平均化的状态，这一点是传统的聚落能够保持一个完整形象的最大的决定因素。

上图是西班牙南部的蒙提弗里（Montefrio）聚落，下图同样是位于西班牙南部的卡萨莱斯(Casares)聚落，两个聚落虽然相距一段距离，但是二者却共同地选择了相似的聚落地形。

风景是共同幻想的表现结果

上面我们已经谈到了传统的聚落由于信息的闭塞和交流的缺乏带来群体意识非常统一的一种状态，因此造成了聚落中居民的基本想法、整体观念和精神向往也非常的一致，造成聚落的整体统一感也非常强。而这一切说明共同幻想的存在以及实际上在发挥着作用。

因为聚落风景的产生并不是一个单纯的物的状态，它是一种生活在聚落中的居住者的意识的一个自动表述的过程。而这样一种自动表述的过程之后，生活在其中的居住者的生活情景图式会根据自己的意识的诱导不断地叠加产生，并不断地根据时间的推移而层层叠加、展开。我们所看到的每一个场景，实际上都是一个一个居民所赋予的场景与景象的展开，而这些景象又会因我们对聚落的参访而在我们的头脑中展开并留有印象。尽管这些印象作用在设计师的头脑之后，在其日后的设计活动中不见得会主动地去运用它们，但这些场景却会在其日后的设计过程中，无意识地流露出来。

从这个意义上我以为建筑设计不是单纯地去设计一个形式，而是在设计一个风景。比如一个风景在你的头脑中留有深刻的印象，这种印象经过消化叠加之后会产生新的印象，那么这个新的印象会在你进行的某个设计当中，通过你的组合流出这个风景，即通过你的设计会产生出另外一个风景。比如：也许就你在设计走廊的那一瞬间，你的脑海中浮现出来的是一个风景或者一个感觉，你所设计的最终结果的东西将会是什么样的效果，它会与这个设计师头脑中的原风景发生关联，而设计师头脑中的原风景却来源于他的经验。

现代城市的风景与共同幻想

聚落中相互一致、重复状态的建筑单位，构成着聚落整体的和谐，而造成这个和谐的重要的力量是共同幻想的使然。如果说，共同幻想造就了和谐，那么当今城市的混乱的现状如何从共同幻想的角度进行理解呢？当下伴随着交通的发达、信息交流的频繁，封闭的状况被打破，城市本身就是一个多种信息的交换场所，即使是任何一个小城市你都会发现大量的外来人口集中和涌入，不同观念的人聚集到这个城市当中，呈现出不同的经济地位差别。另一方面，伴随国际化、全球化、一体化，特别是现在信息化时代的到来，来自各方面的信息，以及与世界交流，不同的人所接触到的不同的信息，造成了每一个人的观念产生不同，从而造成共同幻想的破灭，而这种共同幻想破灭的直接显现就造成了现在城市的多样，这种繁杂和多样具体地表现就是当今城市中掺杂了各种各样的建筑形式。而这种现象说明了现代的城市或者叫现代的聚落跟传统的聚落之间所产生的本质上的巨大不同的关键点。

人在准备盖房子时，所面临的一个关键问题，就是在你头脑中想要把这个房子建成什么样，而这个期待或预期事实上使得房子在没有盖好之前，房子本身在人的头脑中已经搭建起来。这个房子盖好以后，不论是建筑师设计的，还是盖房子的人自己设计的，都只不过是他的观念的一个投射的结果而已。也许在建造房子的过程当中，有很多别人强加给设计师或建造者的一些意见，但是尽管如此，这个房子盖好以后，总是会反映出一个或几个人的观点。因此如果是建筑师盖房子的时候，这种情况下是建筑师一个人的幻想，而如果每一个建筑师都依据各自的幻想建造的房子，形成一个组群，就会形成一个群体组成的共同幻想。而城市就是这样一个各种幻想所构成的组合体。

由于我们这个城市存在着不同的共同幻想，这种不同的共同幻想存在于居民与居民之间，也存在于建筑师与建筑师之间，也正是因为如此，我们的城市呈现出的便是一个变化的、混杂的、丰富的形态，而这恰恰是由于现代人信息量发展到这种情况才形成的风景。因此我们研究传统聚落和城市，两方面都可以入手来研究人的居住行为的表现问题，因为同样是人类聚集生活的场所，只不过是如前所述视点上不一样而已。可是在我看来，城市的问题比村落的问题更加复杂。传统聚落是一个标本，其中呈现出的某些现象和结论性的线索恰恰可以为我们研究城市提供一把钥匙，进而提供一种可供参考的模型。因为聚落的形态特征从某种意义上来说是比较清晰的，是可以从中发现很多原型性的，以及人自身所表现出来的本能的东西，比如传统聚落中街道的划分、小尺度空间的创造、建筑材料的使用方法，以及建筑形态的塑造等。实际上聚落能够反映出人所需求和期待的具有的那些比较本质性方面的东西，应该说聚落是城市的母体。

对于现在的城市来说由于信息量的发展而拥有众多不同的共同幻想的并存，所以我们往往不能有一个思路把握所有的城市现象。但是如果从共同幻想的种类来划分，并在城市中寻找出不同区域与不同共同幻想的关系，由单一的共同幻想塑造的传统聚落往往可以提供一条相对清晰的线索，或许对城市纷杂现象的理解更加容易入手。

我们上面所谈到的共同幻想这个概念，是通过以聚落中的居住者的建造或者他制作某个东西的过程，就可以把他头脑中的概念或共同幻想反映或者投射到现实的世界当中的理解为基础的。因此当我们去看这些聚落，实际上我们并不仅仅只是要看那里的房子，也并不仅仅只是要看那里的房子使用的是什么材料或者做法，尽管这些都是重要的和有必要去看的，但这些实际上对于聚落形态的形成都不具有决定性，事实上我们需要去看和去关注的东西实际上是我们看到聚落中的这些“物”后所感觉到的，或者说是直觉到的，即从现象学的角度“直观”到的东西，亦即我们从一个聚落的整体风景上直观地感觉到的聚落的本质上的一些东西才是重要的，而这种“直观”“风景”实际上意味着整体的把握，面对于“风景”的把握，是可以超越“物”而接近“心”的把握。而这一点我以为是以前很多的研究当中，往往被忽视的。另外还有一点需要注意的，那就是在进行具体的聚落调查时，难免不去进行聚落中的民俗、历史方面的调查，但是必须清楚的是，建筑师所进行的聚落调查不仅仅是人文和历史方面的调查，建筑师的视点绝不等同于人文科学的调查视点。尽管这种调查对于聚落的理解是很有必要的，但绝不是建筑师调查聚落的最终目的。在我看来，只有空间的体验和对风景的“直观”感受才是建筑师的聚落调查的目的，换言之，是需要通过空间来“直观”到建筑建造者所期待并投射到聚落中，或曰建

海拔5000米高处的风景往往会唤起某种神圣和崇高的情怀。

筑空间中的风景，或许更加接近建筑的本质。只有从这个意义上来体验，才能体验到世界上丰富多彩、各种各样不同的聚落背后人的智慧的力量，而且能够明晰为什么在同一个地方，不同的民族或者不同的部落由于他们的共同幻想不同，所以产生了完全不同形态的聚落风景，更能体会到共同幻想与风景之间的关联。

左图为中国湖南省农沙湖聚落，聚落位于中国湖南省永顺县100公里处的山区，是一个土家族聚居的小聚落，聚落采用离散式布局，建筑为木结构，水田分布在聚落的周围。

我们从山顶上看到的这个位于中国湖南省的龙江寨聚落，共同幻想中插入了不协调的杂音，白色建筑在聚落中的出现标志着聚落集体幻想的破灭以及共同幻想解体的开始。

希腊圣托里尼聚落沿等高线布局，距海平面300多米，白色的几何学要素与蓝色的大海和由火山喷发形成的黑沙产生着强烈的对比。几何学的组合构造构成了整个聚落的风景。

中国甘肃省临夏合作镇附近的劳动道村聚落，整体坐落在如大地母亲两个巨大乳房的山体之间，其选址给人以亲切感的同时也借助大自然的山体带给人以宏大的气势。

劳动道村聚落中的建筑采用当地的黄土作为建筑材料，从而使得建筑取得了与自然之间浑然一体的特征，同时聚落本身也获得了宛若从地面生长而出的风景的感受。

右图：中国四川马尔康地区的羌族聚落，三座高耸的羌碉构成了整个聚落的风景，塔的空中控制的意向，给人以森严的风景感受，间接地传递着遥远时代人们的空中志向。

上下图均为中国若尔盖地区的红光村聚落。住居肩并肩地在草原上一字排开，形成一个绵延1公里的线形聚落。聚落的整体犹如一条堤坝横亘在宽阔的草地上，显示着在严酷室外自然环境中人类存在的力量。

红光村聚落的住居是由一户户院落并置而构成的，院子由杆栏所围合，内设置小屋及牛羊圈并堆满了草料，为在这里躲避冬天的严寒并为第二年春夏的游牧生活蓄积能量，因此这里的固定式住居又被人们称为“冬房”。

04.人与聚落

如前所述，聚落是生活在聚落中的人们依照共同幻想进行建造而形成的，人们在聚落中进行建造建筑的过程中，实际上是人们观念中的一个建筑的概念投射到现实世界的一个结果的过程，也是他们头脑中的空间概念的反映。聚落中住居的建筑与我们当下的设计有所不同，那就是聚落中的居民在建造的过程中，是根据自己的感受和经验来对空间的大小和尺度进行判断的，而这种判断在我看来是一种无意识的，是观念意识自动流出的过程，而这种自动的流出是一种先验性的表征过程，这种先验性的表征就如同蜜蜂筑巢的过程一样是本能性的过程。我们都知道，蜜蜂在筑巢时，事实上蜂巢的形式已经在蜜蜂的头脑中形成了，或观念性地形成了，而蜜蜂筑巢的结果只不过是这种观念性的结果的反映和自由地流出而已。我们在日常生活中所看到的，如乌鸦和燕子所筑的巢，实际上也是这样的本能的观念性的产物。而聚落中存在的这种人与自然之间的观念性的关系，实际上在房子的建造过程中就已经全部地体现在聚落之中了。聚落的建造方式、选取建筑材料的方式，如在山中挖洞而居的方式或用石材砌筑的方式等，不论采取什么样的形式，选取什么样的材料，实际上是人建造时所采用的不同的解决问题的思路。比如石材砌筑的方式相当于当代的砖石结构，干阑式结构相当于今天的钢结构和木结构，夯土结构相当于今日的钢筋混凝土结构，而当时窑洞和崖居所表现出的挖凿的形式似乎逐渐地被我们现代人所放弃，但是在建造防空洞和地下构筑物时仍然使用。

聚落中有很多的特征其实都是不经意中被赋予的，比如说我们经常会说，聚落与自然之间会那么的协调，我们的城市为什么没有；又比如尽管聚落没有经过人为的设计，但为什么又有美的存在。

其实聚落与自然的和谐实际上来源于聚落中的建筑所使用的材料本身。调查中我们发现，由于生产力和交通的局限性，聚落中所使用的建造材料基本上都是来源于当地，而这种取之于当地的材料事实上先天性地就与周围的自然在材质上形成一种一体感。比如使用木材的聚落，其木材就来源于当地的树木，由于自然生长的树木高矮的限制，一般的房屋建筑的高度都不太可能超过周围的树木。由于坚固建筑往往需要一个上下贯通的木材作为主要的柱子，于是自然生长的树木本身的协调的比例关系就会自然而然地转换到房屋之中，然后建筑的楼板和周围的墙壁也是从同

聚落中人与聚落本身是和谐统一的，聚落中人的服饰色彩与聚落建筑的色彩之间有时是呼应，有时是互补的，行走在聚落中的居民哪怕是瞬间从眼前闪过，都会让探访者感觉到这种存在。

人与聚落的和谐还表现在聚落中的建筑所使用的建造材料与建造关系上。人的尺度不仅仅表现在最终的空间尺度上，实际上也表现在房屋的建造过程中人们对于材料的获取手段和运输的能力上。图中男子肩扛的建筑材料，其长度和重量与人的体能之间的关联实际上客观地反映在其建造的建筑之上。

一棵树木当中选取的各个分枝的部分，由于伐木实际上也是不容易的活动，于是为了尽可能地使用所伐树木的各个部分，包括树枝枝杈，树木本身各部分之间所拥有的自然生成的协调的比例关系，通过与人的尺度关系的叠加而成为房屋具有良好尺度和比例关系的基础。比如中国云南的佤族聚落回库，其建筑材料源于木材，而且屋顶采用的是草棚，草棚所使用的草的长度决定了屋顶的大小，在这里草的美丽，以及自然的尺度关系被无形地转换到了房屋中，于是房屋本身也自然具有一个很好的比例和尺度关系。再比如砌筑的聚落和夯土的聚落看上去总是那么能够与自然环境融为一体，思考其直接的原因是由于这些砌筑材料的本身就来源于周围的环境和大地，像中国临夏的劳动道村，其整体形态尽管采用了几何体块，但却与周围环境浑然一体，宛若从地上生长出来，非常符合我们今天所谓的有机建筑的理念，这正是因为住宅的墙体材料用的就是用当地黄土夹板夯制的夯土墙，所以使得聚落整体与环境取得了一体感，整个聚落给人的感觉只不过是在自然中进行些整理而形成的环境而已。而石头砌成的聚落也是采用当地的石材，如中国贵州的石头村以及湖南苗族的聚落——腾梁山聚落和沟梁寨聚落就是这种关系的表现。聚落中的建筑本身与天然的石材浑然一体，油然而生出一种与自然的整体性。而有时往往只有屋顶采用瓦片具有一些人工的痕迹，具有人工特质的瓦片本身与石材的天然特质所产生的对比，意外地却使聚落的厚重感消失了，余下的片片飘浮的屋顶相反构成了聚落的洒脱感。在这里实际上可以引发这样的思考，传统聚落中与环境的相互协调的关系的产生，从某种意义上并不是由于建筑的造型，也不是由于当地人对于环境有怎样的思考，而完全是由于当时的生产力的限制和材料的就地取材而造成的。比如建造房屋时，我们只能够从当地取得建筑材料，只能够从当地找到木材，所以我们的建筑一定是有地方性并能够与地方协调的，而对比我们今天的建筑材料的工业化，同质的材料在世界范围内的均质分布的特征，从某种意义上造成了建筑感受的单一性的存在。有时聚落中的建筑形式是非常一致的，但是由于采用石材和木材的材料的不同，造成了聚落的整体气氛和感受上的不同，比如同样布局的房子用石头和木材就会有感受上的不同，这是毫无疑问的，但是聚落中真正的问题是否一定是材料的问题实际上非常值得深思。

聚落中的人体尺度

人在先验性观念的支配下，其建筑活动的过程事实上就是人体尺度转换到建筑物上的过程。在这个过程中首先遇到的是有关丈量的问题，由于没有“尺子”，尺度和空间的认知实际上依靠的是人自己的身体，如窑洞和崖居的建造过程所表现的实际上是人的身体的尺度发挥作用的表现。此外在丈量的过程中，人的丈量过程与动物的丈量有很大的不同（如果有动物丈量的话），其中最大不同是人的直立行走和直立坐标的存在，就是说人的前后左右的直角坐标决定了人对于方位的定位是直角的。而四肢爬行的动物因为无法进行直角的坐标定位，所以动物行走的轨迹是无法形成直角的轨迹而只能是曲线的。这一点对于建筑产生和发生的概念非常重要。直角是人的人体坐标的存在所造成的，是人区别于动物的标志。我们在调查中发现大量的聚落均采用方体空间，而这种方体空间难道如同蜂巢的六角形是本能和先验的么？这实在是个值得深思的问题。

事实上聚落的建造，需要经过两个过程来完成，一个是对于地形选择的过程，而另一个是建造建筑的过程。我们可以假设有这样的一个族群，他们需要在大地上建造一个他们自己能够居住和生活的聚落。为此首先他们必须在荒野上选择一个适宜居住的环境，然后他们要做的另一件事情就是进行土地丈量。虽然他们使用的是原始的工具，但这不意味着他们的思想是原始的。在他们建造的过程中，他们用自己的身体进行着度量，他们用步测，他们用手量，而在这种度量的过程中无形地将人的身体的尺度转换到基地的环境中和建筑中。由于人的身体是符合数学关系的，所以他们使用他们自己的手臂、他们的脚、他们的前臂、他们的手指等身体各部位时，身体上存在的“数”这个单位便被移植到基地环境中，人的尺度也被移植到聚落中的房屋以及房屋与房屋的相互关系中。

此外人在建造建筑的过程中，人的尺度也会同样地不自觉地转换到房子之中，比如我们在上一章节当中提到的摩洛哥的一个聚落中的住宅建筑，墙的厚度和窗框的宽度等都是以人身体各部分肢体的尺度作为标准而进行确立的。因为人身体各部分肢体之间的关系有着非常良好的比例关系，而这样的比例关系通过聚落的建造过程，被聚落中的人们不自觉地移植到房子中，由于人体本身是美的存在，所以自然聚落的美以及聚落建筑表现出的和谐与美的存在和产生便不难理解。在这里，由于聚落和房屋是人的身体上具有的相互关系的移植和转换，以及建造过程与设计过程的一体性，所有的一切不需要故意或有意而为之。同时这也是为什么经常会有人问传统聚落虽然没有建筑师设计却给人以和谐和美感的原因。

“开凿”的概念是一个“负”的概念，中国古代老子在《道德经》中所提到的所谓“凿户牖以为室，当其无，有室之用”的概念实际上在传统聚落中也有表现，譬如崖居聚落和窑洞聚落就隶属于这种居住方式，其中崖居聚落似乎对于这个“负”的概念表现得更加充分。

位于北京延庆县的古崖居，聚落的整体所表现出的雕凿的概念，与老子所描述的“凿户牖以为室”的状态非常近似。聚落中房间是被雕凿出来的，窗子同样也是被雕凿出来的，而雕凿所形成的“负”的部分就是空间，就是房子。更值得深思的是，古崖居所雕凿出的房子的室内屋顶是方形的而不是拱形的。诚然，如果从力学原理的角度上来看，拱形的屋顶似乎更加符合建筑的受力情况和力学原理，但是古崖居的内部空间所表现出来的方形的状态，反映出的恰恰是这种对于空间的方体观念的存在，是这里的居民对方体空间的期待，也是他们力图雕凿出方体空间的意志的表现。同时，在雕凿房子的整个过程中，人体尺度被移植和嵌入在空间里，空间的高矮、开间与进深的大小处处体现出雕凿者的所谓的“合适”的判断。考虑到建造者在建造房屋的过程中以“合适”作为一个基本判断的依据，因此崖居的室内空间本身反映出的恰恰是居住在崖居中的居民对于空间判断的标准。如果说人是按照自身的尺度进行建造的，那么崖居的室内空间本身所表现出的尺度的关系也恰好可以推测出当时建造者的人体尺度的关系。

聚落是人的空间概念的体现

聚落是为人而建造的生活环境，聚落中的建筑是为人的生活而建造的，而不是为所谓其他目的而建造的。聚落不是陵寝，聚落更不是为炫耀财富、炫耀建造技巧、炫耀结构、炫耀装饰的载体。聚落是人的生活场所，聚落是居住在聚落中的人们自己的生活观念和生活习惯的显现物。所以我们可以通过聚落重新看到人的价值，而不是物的价值。这件事情本身就是聚落最富有意义的地方。

前面我们谈到聚落中建筑的建造过程是依照人体尺度的关系来进行的，同时聚落中的内部空间关系，即聚落中一个建筑与另一个建筑之间的关系同样地也是人体尺度投射的结果，比如一个住宅与另一个住宅之间的距离关系、住宅建筑的朝向关系实际上都是由聚落中的居住者的意志决定。而这种意志决定的过程，实际上是人的空间概念投射到“物”中的过程。

在中国云南省的西双版纳地区，当地聚落虽然处于相同的地理和风土环境之中，但是由于民族的不同，尽管建筑的材料和建筑的造型非常的相似，但是其聚落空间的布局却往往有着本质的不同，即不同的民族即使是处于相同的自然环境之中，建造的聚落形式也不相同。

比如在我们对云南省西双版纳地区的聚落调查中，处于相同自然环境之下的汉傣族与基诺族的聚落就不相同。我们所调查的曼浓干聚落的居民是汉傣族。所谓“汉傣族”是汉族和傣族联姻而产生的民族，因此曼浓干聚落的住居本身就具有明显的中国北方汉族民居的特征。位于聚落中央、道路状的广场是聚落空间组成的最大特征，聚落整体的配置形式呈“街村”状，这种布局方式与位于东南亚地区的印度尼西亚的聚落非常相似。于是曼浓干聚落中便表现出了居民的两个空间概念，一个是基于汉族住居概念表现出的汉族的住居形式，另一个是在汉族聚落中所看不到的街村形式的布局方式。因此，聚落所呈现出的整体的风景感受便很容易令人联想到“汉傣族 = 汉族 + 傣族”和“汉傣族的聚落 = 汉族的住居形式 + 街村形式的布置方式”这两个等式。

在距汉傣族聚落驱车仅约 10 分钟的地方，我们调查了两个基诺族的聚落——巴破村和巴朵村。我们立刻就发现这两个聚落的布局形式呈完全相同的构造趋势。这两个聚落基本的布局形式都是面山而建，并且以一条道路通向山顶，而住居则排列布置在道路的两侧。巴破村和巴朵村这两个基诺族的聚落与汉傣族的曼浓干聚落虽然同处于相同的自然环境之中，但是由于民族不同，却产生出了两种完全不同的聚落布局形式。这种虽然处于相同的自然环境之中，但不同的民族所建造的聚落形

上图与下图是中国云南西双版纳州勐海地区的爱尼族聚落曼囡老寨，聚落中的住居之间呈现出离散式的布局方式。其中上图表现的聚落中的秋千，其在聚落中具有重要和神圣的地位，它既是村子的入口，同时还是不同季节进行祭祀的场所和道具。

式却有所不同的现象同样地也出现在1996年所调查的中国青海省的聚落中。在那里我们曾对汉族的“日月村”聚落以及同地区的土族的“丰台沟”聚落进行了调查。或许是由于共处相同地域环境之中的原因，二者都采用夯土围合的住居形式，因而导致这两个聚落的住居形式表面上看十分地相似。然而，当对其地进行空间层面的观察时，却发现这两个聚落在空间组成上存在着本质的区别。二者所表现出的差异主要表现为以下两点。一是在两个聚落的居民的空间概念中对“内”和“外”这两个概念的理解和认识上存在着差异。汉族的聚落日月村的住居形式是汉族的住居布置形式，表现出具有汉族典型的四合院住居形式的特点，因此它的内和外的关系十分明确，具体地表现在聚落的整体布局上，田地和打谷场这些属于集团活动的场所都布置在聚落的外部，而不是与自己的住居布置在一起。这是因为田地是集团活动的公共场所，而住居属于私密的个人空间。而与此相反，在土族的聚落中，将田地和打谷场布置在自己的住居前，也就是说，把田地放在聚落的内部。换句话说，就是土族将自己的田地放在自己住居的前面的做法，令人理解为田地是属于住居的一部分。这种形式的布局结果不仅使聚落的内外关系变得暧昧，而且使住居和田地也成为一个整体。另外一点，两个聚落在住居的组成上同样也存在有明显的区别。虽然两者的住居采用的都是“L”形的布局方式，但住居的功能分配却是不同的。汉族住居很明显地强调四合院的意匠，在由高墙四壁围合成的四方形范围内，进一步在内院又围合有二进院，同时墙面上的门被建成“月亮门”形式，在这里强烈地表现出了汉族住居利用墙壁形成院落的意识。这两个处于相同风土环境中的聚落的住居，尽管拥有相似的住居形式，但却因为民族不同，在空间组成中反映出了不同的空间概念。上述这两个例子说明了一个现象，即处于相同自然环境之中的聚落，不同的民族会创造出不同的聚落形式。这同样地也说明了，对聚落的空间组成起决定性因素的是居民所具有的空间概念而绝不是风土环境。

另外一个能够说明聚落与空间概念关系的例子是相同的民族建造相同的聚落的现象，如果按照上面所说的，聚落的决定性因素是聚落中居住者的空间概念这一论理成立的话，那么，具有相同空间概念的同一民族就应该建造相似的聚落。我们在调查中国云南省的时候，走访了傣族和爱尼族的聚落。其中“曼囡老寨”和“巴拉寨”

这两个聚落都是爱尼族的聚落，具有相似的特征，并且这两个聚落都是根据相同的法则建造的，因此两个聚落尽管所处的地点环境有所不同，但给我们的印象和感觉却都很相似。曼囡老寨的村长告诉我们，爱尼族在建造聚落时需要遵守一项规则，这个规则就是秋千（寺院）和鬼门位置的设置必须依照下面的规矩来布置：他们规定秋千（寺院）所设置的位置必须能够看到鬼门，而且两者必须布置在一条直线上，聚落中的住居则以这两点的位置为基准布置在它们之间。而在建造住居的同时，又必须满足从各个住居的阳台上能够看到秋千（寺院）这个规则。秋千本身是整个聚落的寺庙，是神圣的地方，同时也是聚落的入口。在居民们看来，好事通过秋千进入聚落，而坏事则通过鬼门从聚落离开。这种同一种民族的聚落具有相似的配置结构的现象，同样在西班牙的聚落中也存在。位于西班牙南部的“卡萨莱斯”和“蒙提法罗”这两个聚落，虽然地处不同的区域，但聚落的布局结构却十分的相似，那就是二者都在聚落的中央部位设置了广场，并且两个聚落都分别在广场和聚落的一端的山上修建了一处教堂。位于广场上的教堂是罗马式的，而山上的教堂则是哥特式的。同样地在 1996 年调查中国东部西藏地区的时候，发现藏族聚落“高走村”和“红光村”的空间组成也是非常的相似，两者住居的空间布局类型都采用的是排列成一条直线的形式。诸如此类的现象促使我们做出这样的思考，即：不同的民族即使处于相同的风土环境之中，他们所建造的聚落形式也不同；而相同的民族无论所处的风土环境是否相同，他们的聚落空间组成也是相似的。依据这样的理解，我们明确了决定聚落形态的因素不单纯地只是风土环境，在建造聚落的过程中存在着比风土环境和地域因素更为重要的影响力，并且从聚落的空间组成不受地域影响这一点上看，这个力的结构是相对稳定的。在我看来，存在于居住者头脑中的空间概念便是这个相对稳定的结构的根源。

关于聚落和人的空间概念的关系问题除了反映在建筑的建造过程中，同时也反映在对于建造聚落的地形的选择上。如前面叙述过的两个西班牙聚落卡萨莱斯和蒙提法罗，我们在对它们进行调查时，还发现了另外一个引人注目的事实，那就是这两个聚落处于相似的地形环境之中。也就是说，居民们在建立聚落的时候，选择的地形和地貌非常相似。聚落建于两座山脊之间，聚落内的中心广场就布置在两座山脊之间，并发出几条放射状的道路一直延伸、通向山脚。与西班牙的这两个聚落相同，在中国也存在有将聚落建于山脊之间的民族，那就是居住在中国湖南省内的苗族。我们曾调查了苗族的三个聚落——“腾梁山村”、“沟梁寨村”和“建塘村”。这些聚落共同的特点都是将聚落建于两山之间，而且聚落的地形和地貌非常相似。如果将这三个聚落与前述的两个西班牙聚落相比较，我们就可以发现这样的现象。二者的共同点是将聚落建立在两山之间，但聚落所处的具体位置却有所区别。比起苗族聚落，西班牙的聚落建在山的比较高的位置上。在这里明显地表现出，民族不同，对于地形的选择、喜好也是不同的。前面说到的两个基诺族的聚落，它们同样地也拥有相同的地形、地貌，而且聚落建于半山腰，一条道路从山脚下一直通向聚落，住居配置在道路的两侧。这里我们能够发现西班牙的聚落、中国苗族的聚落、基诺族的聚落，他们各自对于聚落地形的不同偏爱。这种偏爱导致在确定建造聚落的地形的行为绝不是一个偶然的行为，而是根据聚落居民们的意识来决定的行为。由于同一种民族选择相同的地形，不同民族选择不同的地形的事实，同样也充分地说明了对于地形的选择的行为与聚落居民们空间概念相关联，是居民们空间概念的反映。我们透过这些现象可以理解，当人们在建立聚落、将自然环境转化为居住空间时，同一种民族对于建立聚落的地形环境的选择标准是一致的，而这一点也恰恰地说明了聚落居住者所拥有的空间概念具有相对的稳定性。

摩洛哥中部的聚落提奥里特（Tiolit），如同一个戴在山丘上的神圣的皇冠，聚落中的住居采用石头和土坯混合建造。聚落的住居之间距离紧凑，整个聚落的色彩呈现红土色，与此同时，聚落巧妙地结合地形而使得聚落整体给人以堡垒的印象。不过从来自这个聚落的居民脸上所泛出的由衷笑容，流露出看似封闭聚落中的居民的开朗的一面。

聚落阿莱木都（Aremd）是一个面向溪水并顺应山势而建立的摩洛哥聚落。聚落依山叠落，如同为自然的山丘披挂和覆盖了一层人工的保护膜。聚落周围的山是荒芜的，只有前面的溪水两侧泛有一片绿洲，而聚落便凸显在绿洲之上，吸吮着绿洲所提供的水和相对湿润的空气。聚落中的道路依山就势，住居虽是一个较为结实的体块形态，但其檐口所形成的横向线条却增加了聚落的轻巧性。

北京延庆的古崖居聚落，室内空间被雕凿成矩形，有的住居的内部凿成跃层的空间，上下空间的楼板厚度的形成完全产生于建造者在进行雕凿时所进行的精确的“留白”计算。人与空间尺度的关联性在这里被明确地示喻着，人的尺度关系也在雕凿的过程中被转化到空间的构成之中。

托基里赫（Tougirih）聚落位于摩洛哥的南部，它位于黄土平原的小山丘上，借地势形成一个立体的空间布局。建筑的整体显示了一个强烈的几何学构成。尽管部分居民已经离开了这里，但是整个聚落仍然能够显示出其繁荣时期所拥有的辉煌。

摩洛哥伯·塔腊拉（Bou Thrarar）聚落，聚落中的住居采用夹板夯土的施工方法，颇似现代用混凝土的建造方式。该聚落的屋顶表现出生长性和随意性，而这种生长性和随意性的结果尽管给人造成些许混乱的印象，但正是这种非设计状态下所形成的聚合性表征，也是一种自然形成的一种集合性社会状态表述的结果。

在帕·塔库拉拉（Bou Thrarar）聚落中，住居的形体表现出明晰的建筑与人体尺度之间的关系。这里的建筑并非经过如我们当代意义上的建筑结构的计算，但是这里住居的墙的厚度却处处惊人地表现出450毫米的相同的厚度。究其缘由，原来这450毫米的厚度实际上是由人体的肘臂长度来确定的。

对于今天已经习惯了定居生活的人们来说，帐篷不过是进行郊游或野营时的一个临时的安居住处。但是相对于游牧民族而言，帐篷却是他们一年中大部分时间的住居。中国青海一带的游牧民族根据草场的肥沃条件，辗转迁移，随时移动着他们的住居。

作为移动的帐篷实际上又是现代常见的是膜结构建筑的民间版本。构造简单，内部准备了与生活关联的最基本的道具。帐篷的内部是明亮的，光线打在白色的帐篷的膜皮上在室内造成漫反射并使得整个室内到处弥漫着柔和、充满艺术气息的光线。

第二篇　聚落空间中的现代性的表象

01.迷路

一提起迷宫，一定是与方向不明确联系在一起的，同时又让人想起路径的繁杂和难以认知。而对于迷宫来说意外与期待是给人造成的心理感受，意外的到达点的成功让人获得满足。

由迷路构成的迷宫从总体上可以分为两种：一种是圆形的迷路，另外一种是方形的迷路。对于圆形的迷路，由于迷路呈曲线状而没有方向感，所以其方向性是非常难以把握的。而方形的迷路相对比较容易掌控，因为它有一个基本的角度，方向性比较明确，所以角度是你认知这个迷路空间的一个最大的参照系，如果没有角度，就很难把握和认知空间，比如在沙漠中。空间定位的最大难点就是沙漠当中难以找到一个定位、坐标和参照点，所以容易迷失方向。

聚落当中呈现有迷路的概念，迷路的存在对于聚落的魅力的表现是重要的，会给体验者留下深刻的印象，因为体验者在迷路的构造中经过自我的学习、认知、判断和失败与成功的过程，这种经验性的经历的记忆是会远远大于视觉的娱乐的记忆的。

但这并不意味着所有的聚落都拥有迷路的构造，至少在中国的聚落当中，拥有迷路构造的相对来说是比较少的。对于中国聚落来说大量的聚落构造都是比较规整的，比如房屋建筑的朝向都相对比较一致，道路系统也比较清晰，包括房间内部的空间构造也基本上采用一明两暗的布局等，而这些基本上都称不上具有迷路特性的空间构造。中国的聚落中尽管少有迷路式构造的存在，但并不意味着不存在。或许是由于人的游戏的天性使然，中国传统的聚落中尽管使用迷路构造的案例较少，但是与住宅同时存在的园林却是另外一种迷路的构造，应该说园林中能够环游的或能够走通的迷路构造形式是中国式迷路的特征。

迷路的构造系统并非都能环游贯穿，迷路往往还具有袋形道路的性质，即人走进去了之后经常走不通。这种迷路的构造在一些伊斯兰文化影响下所建造的聚落中经常可见。

聚落的迷路系统对人的作用，实际上是一个认知—失败—认知的过程。比如在认知一个事物的时候，或者去做一件事情的时候，走这条路走不通，便会去选择其他路径，如果失败再选用其他的路径，而这种经历实际上是一个非常复杂的心理过程。而这个心理过程实际上由以下几个方面所构成：一个是所谓的入口，另外一个是出口，中间的过程是整个迷路系统，这个迷路系统包括能够走通的地方和走不通的地方，即死胡同的地方。而这个系统的构造在心理学领域里面，有很多用来探讨人对问题的认知，也常作为包括动物对问题的认知而进行测试的实验的装置。

实际上对人类来说，最早的迷路出现在巴比伦时期。中世纪后，欧洲的聚落中经常会出现迷路的构造，对于迷路的构造让你从入口进入后，经过穿绕最后从出口走出来，整个游走的过程实际上是游走者认知空间、判断路径的过程。过程中包括对空间的猜测，顺畅时的愉悦，走进死胡同的失望，在这两种情绪交错的过程中，构成了迷路的魅力。反之如果对于经路的认识，仅仅是从空间的入口进去之后便很快地能够到达出口，或者说进入一个空间后立刻就能够对整体有所把握的话，你可能会觉得这个空间的丰富度不够，会感觉这个空间太过于一目了然了，反而会感觉整个空间趣味索然。

距希腊首都雅典 150 公里处的基克拉泽斯群岛的北部，有一个充满迷路构造魅力的聚落，这个聚落位于被誉为“漂浮在蓝色爱琴海上的宝石”的小岛上，小岛的名字叫米科诺斯岛。岛上现有居民 3200 人，岛上聚落的形成及其发展的历史可以追溯到 16 ~ 17 世纪，当时土耳其的势力正逐渐地减弱，一度曾作为帆船贸易要塞的米科诺斯岛处在了无人管理的状态。特别是在 16 世纪中叶的 30 ~ 40 年间，这里成了事实上的无人区。到了 18 世纪初叶，法国国王设定了新的航路，米科诺斯岛恰好又被列入航路的中央位置，于是这里又恢复了生机，后来随着拿破仑的登场、西部战火的日趋激烈，此航路一时又被放弃。正是在这时希腊人来到这里，使小岛繁荣发展起来。由于岛上的景观迷人，聚落建筑富于特色，米科诺斯岛又被称为爱琴海岛国风貌的代表。从聚落的角度上看，岛上聚落具有三个主要特点：首先，聚落空间的整体是以防御式的迷路空间构造所组成；其次，建筑室外楼梯的重复使用形成聚落最大的特征，也正是由于楼梯的存在，让本来具有平面化迷路特征的空间变成立体的迷路，同时楼梯这个要素也复杂了聚落的外部空间和迷路的构造。

防御式的迷路空间构造使米科诺斯聚落几乎没有产生广场的概念，迷路式的街道是这里居民的广场，同时也是自家住宅私密性空间的延长。对于各户居民来说，自家宅前的空间和道路是室内空间的延续和反转，人们在这部分空间里有的在修补渔网，有的读书看报，还有一些妇女在此边做手工边相互闲聊。迷路这一外部空间环境对这里的居民来说既是起居室，同时也是广场。

因为聚落整体采用的是迷路式的空间构造，很难让人从外部想象到住宅内部的空间平面布局。这里的建筑多以 2 层为主，也有一些建为 3 层的。一般而言，住宅在一层和二层处大多分别设有入口，而且从一层到二层也多采用外部楼梯相互连接。从建筑内部空间布置上看，一层多布置以客厅、厨房和餐室，二层则为寝室。按照当地传统的习惯做法一般是把厕所放在外部楼梯的下面，但由于近来有越来越多的居民对把厕所放在外部感到不便，所以将厕所放在室内的趋势也日趋明显。这里的建筑立面处理得单纯而简洁，一般的做法是一层、二层部分均开设门和采光的小窗，并多在二层的小窗上加设防盗栏杆。大多数的住宅都有外部楼梯和阳台，并且楼梯一般都是采用木材和石材，楼梯扶手多采用木质材料和金属材料，也有少数采用石材。居民们会根据自己的喜好给楼梯涂上各种颜色，从而使各自的住宅形成独自的特色。

岛上村民的宗教信仰是希腊正教，岛上共有大小教堂 365 个，每个教堂它们都有各自的职能。绝大多数的教堂为家庭式的礼拜堂，散布在聚落街道各处。其中比较大的教堂在全岛共有三个，并分别由主教来主持，各种比较大的仪式如结婚、葬仪等都在这些大的教堂里举行。家庭式教堂的平面多为长方形，而地区性的大教堂的平面则为十字形。

就整个村落的建筑色彩而言，建筑基本上都为白色，据称岛上曾经瘟疫不断，白石灰有杀菌作用，所以每年居民都用白石灰涂抹一遍自己的房屋，起初是以杀菌为目的，经久便渐渐成为习惯而延续下来。楼梯、门和窗户的颜色多以红、蓝、绿为主，色相与原色相近，这种色彩感觉是受轮船的色彩影响而来的。

这样小小的一个聚落给我们在建筑设计上有很多的启示。迷路的空间构架可以让人产生丰富的空间感觉，在探访的过程中常有这样的体会，有时经过一段道路的穿行后又转回到原来走过的路上，然而不知为什么你却又会对原来走过的那段空间道路产生同样的新鲜感。这种迷路空间与人的心理所产生的相互关系，非常值得探讨。

封闭聚落中的迷路般通道在光影上也是迷幻的，在摩洛哥的聚落中常见到这样的现象，在黑暗的通道中由于仅仅在其一侧开几个竖向的门洞，立即便可以在通道中获得层层随时间变化而不断变化的炫目的光环。

尽管前面说到的中国的聚落中少有迷路构造的系统，但是四川省汶川县的桃坪村却是一个超乎意料之外的非常精彩的迷路式聚落。这个聚落的精彩之处表现在聚落下面有一个暗藏的水系，表面上看不到明水，但水系都是从各家屋子里面流过，这样做也是为了防止有人在里面投毒或者破坏水系，所以水系都是隐蔽的。这样一个有特点的聚落，由于其聚落空间构造的独特显得更有魅力。整个聚落的通道虽然均位于地上的一层，但是由于它上面的二层建筑相互交错地搭来搭去，会让人感到其道路空间处于地下的感觉。聚落内部构造采用迷宫式的处理，通路转来转去，时而豁然开朗，时而峰回路转，同时进入院门之后，与住宅的内部存在的迷路构造相混合。这种双重的构造，如套盒般的结构，丰富而难以把握。

这个聚落与摩洛哥的迷路式聚落非常接近，而与希腊的迷路有所不同。对于希腊的迷路特征而言，其采用的大多是街道式的迷路。而桃坪村和摩洛哥的迷路式聚落的相似之处在于，迷路的上部的错综复杂，以及由于二层部分建筑的相互交织所构成的一个完整化的、作为一个单位整体而存在的聚落，确切地说是一个巨大的空间性的立体迷路。希腊的街道式的迷路和空间性的立体的迷路这两个概念是完全不同的，街道式的迷路从概念上理解是一个平面的迷路，而立体的迷路是一个三维状态的立体性的空间的迷路。而且这两种迷路中所呈现出的光与影的关系不同，街道式的迷路光影显得直白，而立体的迷路光影神秘而富于变化。

除了陆地上的迷宫之外，陆地与水面相互作用所产生的复合式迷宫表现得会更加复杂。这种与上面两个迷路构造有所不同的例子列举位于意大利东北部的威尼斯城的水上迷路可谓当之无愧。这是一个由各自具有相对独立性的118个大小不一的岛屿以及160条运河和400座桥所构成的多中心小城市，全城由6个行政区加以统合，圣马可和里阿鲁托是这里的政治、宗教以及商业的中心地。

一进入威尼斯便走进了这座漂浮在水上的迷宫般的城市。威尼斯的街道走向十分复杂，由于路面狭窄，几乎没有什么车辆在其中通行。街道各处设置有很多小的空间广场，并在广场当中设有一个蓄水池。这些小广场意大利人称之为“康保”。其形态各异，起的作用是以此来转折和连接复杂的城市街路。

徘徊在威尼斯迷宫般的街路中，其空间认知的方向是难以把握的。有时转过一个路口后，眼前就只有一个建筑的正立面和入口，周围没有其他道路，一瞬的踌躇不安，不得不停下脚步。但当穿过门洞，豁然开朗的世界展现在眼前时，使人于不安中又感到了快乐。当伴随着标牌的指示，经过多次错误的探行打道来到圣马可广场时，规整的广场空间，富有韵律动感的圣马可教堂，顿时将人的迷惑不安情绪给予释放。

从城市的整体构造上看，威尼斯的魅力主要在于水、陆迷路的双重交错与穿插。也正因如此，街道和桥所组成的空间迷路，比起一般的单纯陆地上的迷路构造显得更加复杂。有时陆地的迷路的尽端是一个水路迷宫的起点，但由于没有船来接应，所以陆地迷宫被断掉，但当乘船于水上迷宫穿越时与陆地迷路之间产生的立体性正是这个迷路的特征。在这个过程中我们还注意到，迷路空间之所以在人的心理上能够造成复杂和兴奋，其中一个重要原因是由人的行动特性所决定的。当人从一个起点开始走向一个目的地时，其最为基本的心理倾向是力求寻找出最为简洁的路径和花费最少的时间。然而，在现实的迷路空间中所遇到的认知方向的错综变幻，迷路空间标志性的弱化，使人在空间认知上的难度增加，也使人在实际空间的体验中花费在通路上的时间，在迷路中试行的距离，失败的次数，以及与人的心理期待产生了错位和复杂的叠加。正是由于这种出人意料的意外性以及人在判断正确时的兴奋，失败之后的再次挑战精神的萌发在人心理上造成的跌宕起伏，乃是使迷路空间让人感到富于魅力和生命的重要因素。

中国的高走村聚落中一个住宅的入口，底层全部架空，由支撑结构所形成的柱廊，使来访者瞬间如同置身林中而丧失了方向感，进而获得“迷”的感觉。

漂浮在地中海上的米科诺斯岛（希腊），是一个内部拥有立体式迷宫构造的聚落。聚落标高与海平面几乎处于相同层面的现状，更加增强了聚落整体的轻巧感和神话特征。

米科诺斯岛聚落内部的街道被当成室外使用的同时实际上又被当做室内来使用，居民们在街上交谈乘凉，室外街道成为室内起居室的延伸，室外真正地成为室内的反转。

米克诺斯聚落的街巷是狭窄和弯曲的，由于无法判断前方的空间特征，加之街巷中又常伴有向上的改变着空间的暗示性的楼梯，从而更增加了聚落的迷宫感觉。

迷宫般空间感的获得，也由于楼梯在不同层面上的叠加而经常造成错乱的感觉。聚落中的楼梯构成了立面丰富性的同时也使得聚落整体迷路的构造立体化，楼梯下是厕所。

中国四川的桃坪村迷路中的楼梯同样地起着迷路空间立体化的作用，而同时楼梯本身的门形特征又对迷路的横向道路空间又进行了一个限定，从而增加了迷路的空间层次。

桃坪村聚落内部的迷路构造还表现在其二层以上的空间组织上，聚落中人往往虽在一层街路上行走，但却宛若穿行于地下。神秘的光影与迷路共存是这个聚落的迷人特征。

桃坪村聚落使用石材进行建造，聚落中的建筑克制地使用着装饰的手法。少有几处装饰如聚落中过街楼上的木雕，事实上也是极为克制的，仔细地观察，实际上不难发现图案的大小的目的是与周围所使用的石材的尺度相呼应，在这里建造者事实上是利用“装饰”调和着“石”与“木”之间的冲突。

在桃坪村聚落内部的迷路中行走，经常会听到流水声响而不见水流。事实上在聚落街道的下面还存在有一个暗藏的水路存在，水路经地下通到聚落中的每一户住居。由于街道上空的建筑体块和空间穿插，造成人虽在地面街道上行走，却宛若行于地下。神秘的光影和迷路共存是这个聚落的迷人特点。

卡波（Kabou）聚落中的迷路是封闭和黑暗的，在道路中偶尔能够由侧面或上部的缝隙洒下一轮光环，增加了聚落的神秘性。摩洛哥的聚落中，迷路的构造往往是以一个环路式通道为主，并在环路通道之间，插入些许走不通的尽端式街巷。

摩洛哥的迷路空间的入口处往往是一段非常明亮的窄街巷，在进入迷路之前，让刺眼的光线使人的瞳孔缩到最小，而一旦进入前方聚落迷路的真正入口，迷路通道的内部非常黑暗，瞬间令人如盲人一般无法分辨周围的一切，或许这同样具有防御和制敌的功效。

聚落中的孩子们的表情最能够反映聚落的状态，有的聚落街道中的儿童总是喜欢迎着来访者奔跑以吸引外人对他们的关注。

有的聚落的儿童往往是远远地观察着来访者，而一旦你接近他们，他们会一哄而散，远离来访者而奔向远处。

意大利的威尼斯是一个水路迷宫和陆路迷宫兼备的复合式迷宫聚落，聚落的街道构成采用小广场（康保）与街巷交错分布、连接所主成，而水流系统通常是与街路系统分开，但是在街巷的小广场处，街巷和水路往往交相编织形成一个复杂的系统。图片中的小广场中可以看到通向另一个街巷的桥和通往住宅的桥相并置，构成着一个复杂的空间场景。

在威尼斯街路中行走，经常会让行人面临多种选择，上与下之间的穿行有时是连接陆地，而有时是连接水路，如此这般的多种选择性造成了行人期待感的错乱，也构成着威尼斯迷路空间的特性。而图中所展现的正是这样的场景，当人刚刚通过一个门洞，展现的却是两种不同的选择，一种是顺着路上迷路继续前行，而另一种抑或开始新的水上旅行。

02.楼梯

20世纪著名的画家杜尚（Marcel Duchamp）的一幅《走下楼梯的裸女》,以“楼梯”将时间与空间的关系表现得尽致淋漓。画中楼梯的存在让人的行走过程瞬间地得以表现的同时，同一幅绘画中所表现出的伴随时间的推移过程将人的形体加以凝固的形式，构成了杜尚这幅画作的中心内容。同样地还有一位特别对楼梯有种爱的画家，那就是比利时的埃舍尔，这位通过数学来进行绘画的画家，在其画作中对楼梯进行了无尽的描绘，用楼梯要素在一个有限的二维画面中表现了一个无尽的空间表达，从而巧妙地用楼梯扩大了空间的无尽感受，客观地丰富了空间的迷宫效应。

楼梯原本是为了进行空间的纵向联系而采取的措施，是从一个空间的层面到另一个空间的层面的联系，也是从一个状态转换到另外一个状态的转折点。然而对于建筑来说，楼梯又是联系不同层面的空间的纽带。在我聚落调查过程中，发现聚落中的楼梯和大台阶（加宽后的楼梯）不仅仅具有使用功能，同时还具有丰富的表现性和增加空间的戏剧性的可能，即在聚落中楼梯和大台阶不仅对聚落空间起到切割的作用，而且可以营造出非常强的街路空间的蒙太奇效应。

所谓“蒙太奇”，本来是法语“Montage”的音译，最早实际上是作为建筑学的术语存在的，意思是构成、装配的意思，然而后来被广泛地运用于艺术领域之后，慢慢地被人们解释为具有艺术含义特征并具有人为地进行时空的拼贴和剪辑的含义。同时，蒙太奇也是表现电影艺术的基本手段，其原理是在影片中以某种方式将场景和场景间的相互叠加关系展示给观众，而观众又将这些场景在头脑中重新组合，从而产生出与所接收的场景所不同但又具有新意义的场景印象。凭借蒙太奇手段的运用，使得电影有了时空上的极大的自由度的同时，还能够构成与实际生活中时间与空间不一致的电影世界里的时间和空间。不过蒙太奇手段在电影中的完成，利用的是场景的切割和场景的转换。同样地这个来源于建筑学的术语在聚落街道中的展开自然也就构成了聚落本身的节奏和叙事方式，从而构成了观察者和现实场景之外的第三种场景，即想象的场景。

意大利的城堡聚落中，内部的上下攀爬是通过陡峭的楼梯来完成的，带有半军事功能性的堡垒由于楼梯得到了竖向的交通连接，同时通过楼梯的功能性使用使得建筑向上并指向空中成为可能。

精彩地表现街路空间蒙太奇效应的当属葡萄牙首都里斯本的阿鲁法玛旧街区，这个建于里斯本城中丘陵地段的聚落是一个经历过1755年震灾之后而遗留下来的旧街区。它位于里斯本市内标高变化急剧的空间地段，聚落内部台阶交错布置，空间迷路错综复杂，城市街道场景的变化也十分丰富。由于这里的街路是由“台”与“阶”的要素组成,因此从整体上看聚落的空间不是在一般意义上的连贯和平铺直叙。这里的“阶”事实上是一个将空间切断成一个个片段式的场景台地，成为进行构成和装配的元件。人在空间中移动，不同的场景片段在人的头脑中叠加组合，给人以一种跳动和富于节奏的空间感觉。在人获得富于情节和场景力度的空间印象的同时，这种“台”与“阶”所形成的片段与片段之间的连接关系,构成这一聚落的场景魅力。

这样以某种方式将片断的空间场景连接，并由这种连接而产生所谓新的场景意义的处理手法，实际上就是我们上面所提到的“蒙太奇”手法的典型性处理与表达。在这里，作为装配元件的场景与场景之间不是简单意义上的延续，而是以所谓的通过楼梯的长短跑所形成的在空间上的“渐入”和“淡出”将被切断的场景相连接。从表面上看这似乎是一些片断场景的跳跃，然而观众在头脑中所得到的却是通过楼梯台阶所形成的连续的、有整体新意义的场景意念。这种以片断场景的组合来构成整体空间意义的蒙太奇式的手法，使人对于空间的理解变为跳动式和积极参与式，从而使得空间产生了生命和活力。

而阿鲁法玛地区的街路空间也正是在这种蒙太奇效应的理解上产生了新的意义。街路、切断、部分空间、片段场景、游动、重新组合……这一切赋予了阿鲁法玛街路空间在整体意义上的戏剧性感觉。

同样的我们前面所谈到的希腊米科诺斯岛上聚落所拥有的楼梯元素，事实上在丰富了迷路空间的同时，也起到了如同埃舍尔的绘画中的楼梯所起的使空间复杂的复合效果，重复使用的沿街道两侧的丰富的室内楼梯构成了聚落的重要特征，除此之外也使得米科诺斯岛的整体空间产生出一种跳动的韵律和节奏。岛上的楼梯要素的运用增加了聚落外部空间和迷路系统的变化和复杂性，同时也丰富了街路的立面。

这种由葡萄牙里斯本的阿鲁法马地区的台地和希腊米科诺斯岛的楼梯所表现出的变幻演出，将空间的场景进行切割分段，又以楼梯进行衔接，以变幻莫测的感受造就了聚落的魅力，同时也突显了楼梯这个元素在聚落中的重要作用。

聚落中的楼梯是交通所必需的功能性要素，同时也是空间之中的一个重要的视觉要素。聚落中由于向上和富有重复与韵律特征梯段的存在给空间带来了不同的方向性指示。

葡萄牙首都里斯本有一个旧街区叫阿鲁法玛地区，整体建在里斯本市区的一个丘陵地段。聚落中的街道随着丘陵标高的变化，曲折并配以各种大小和标高不同的梯段，形成了一个极富特色的梯段的组合场景系列。聚落中梯段本身所具有的台与阶的存在，构成了聚落内部空间环境的丰富性，同时台阶本身也将空间的构成片段化，从而构成空间场景的戏剧化特质。

阿鲁法玛旧街区中，台与阶的存在将聚落的空间场景进行了切断和重新构成。台阶的步数的多与少，构成了切断的场景和切断的时间的长与短，进而也使聚落中的多个场景组合获得了节奏和韵律感。

阿鲁法玛街巷两侧的建筑是高大的，如此则更加对比出阿鲁法玛街道的狭窄。不过行走于该聚落的街巷中，其空间的整体感觉与希腊的米克诺斯聚落的街巷非常相似，所不同的是街巷两侧的建筑在尺度上是不同的。

西班牙的“卡萨莱斯”聚落，其所在的起伏的地形为聚落中的住宅提供了在不同标高进行展开的可能性，有时一个住居的一层和二层的分布由于住宅所处的地形标高所为，一栋住宅获得了两个一层平面。图片中的住居有一个面向广场的阳台，由于这个阳台的存在，聚落广场成为其起居空间视觉的延展。

号才坪聚落位于湖南省怀化市的郊外，聚落建在一个山丘的侧旁，沿着山丘的等高线布置了约30户左右的住居，住居的建筑结构主要采用木结构，住居以2层建筑为多，由于建筑台地标高的变化，沿等高线布置连接建筑的连廊和楼梯，使聚落内部形成立体的空间格局。

梯段本身作为连接空间的纽带的同时，也具有增加仪式感的功能。中国西藏的桑珠林乡二村聚落中沿街道散置的带有仪式感的厕所建筑，随处增加着聚落整体的幽默情节。

广西省大瑶山中的将军村聚落中的一个住居，建筑前后的标高在不同的层面上，该建筑将厨房空间安置在建筑标高较高的一侧，因此建筑从高标点上看来就变成了半地下空间，连接到屋外道路标高的厨房中的梯段，在平时供人行走，但在做饭时，楼梯的梯段被灵活地作为摆放物品的临时棚架。

梯段在聚落的街道空间中有时还被孩子们作为进行捉迷藏游戏的道具来使用，这种将功能性和游戏性的巧妙结合是米克诺斯聚落中梯段的又一不经意之间产生的功用。

03.广场

广场是一个富有密度聚落中所拥有的喘息和透气的地方，也是表现一个聚落作为生命体吐纳之所。我们所理解的现代意义的广场似乎只是一个宽敞的空间场，但从聚落的角度上看，事实上广场本身有着多层次的含义存在，比如对于聚落整体而言，有时聚落的广场是在地面上以一个被围合的形式出现，而有的聚落中广场却是以坐落在屋顶上的形式表现出来的。如果将广场的概念运用在一个住宅当中的话，那么位于住宅中的内部庭院实际上就是一个广场，而相对于一个家庭的内部空间而言，起居室事实上就是一个住宅内部的广场。

广场并不是总在地面上存在的，有时是以下沉的方式出现，比如中国窑洞建筑中的下沉式庭院可以认为是一种下沉式的广场。而即便是位于屋顶上的广场有时也并不是围合形的，而有时又是与屋顶、与街道、与地形混合为一体的。比如西班牙南部瓜迪克斯周围的库埃巴斯聚落，所表现出的就是住宅的屋顶既是聚落的广场又是聚落的街道的一个实例。然而对于希腊的米科诺斯而言情形又有不同，在这个聚落中街道本身就是广场。

尽管对于广场有不同层面的理解，然而谈到传统意义上的广场，我们必须要列举的就是那座被誉为世界上最美的广场——锡耶纳的康保广场。这座中世纪的小城锡耶纳，位于意大利西北部的托斯卡纳地区，距离佛罗伦萨约68公里处。由杉树和葡萄园所包围着的锡耶纳，据说中世纪时期这里作为著名的贸易城市曾与意大利的其他主要城市，比如米兰、比萨、佛罗伦萨和罗马等有过相提并论的繁荣。锡耶纳城的建筑色彩颇具特色，城市整体统一在一片暖褐色的色调中。而这种暖褐色色调，在色调颜料中就被命名为锡耶纳。

广场是一个聚落中供居民透气和喘息换气的地方，因此一个具有休闲性格的广场给使用广场的聚落居民们带来愉悦的心情，有时广场在面积分配上看上去是浪费的，但是对于有精神生活需求的人来讲广场实际上又是居民生活中所必需的。

在锡耶纳的城市中心有一个叫康保的缓坡式广场，被称为是世界上最美的广场。每年7月2日和8月6日著名的帕里欧节就是在这里举行。广场被建筑所围合，空间较为封闭。入口除了一处是从开敞式的街路进入之外，其余的入口都要穿过围合广场的建筑之后才能进入。广场的正面是锡耶纳的市政厅，市政厅建筑附带有一座103米高的砖塔。整个康保广场的平面如同一枚展开着的折叠扇倾斜地摆放在市政厅前，与市政厅建筑一起构成了完美的外部空间。

广场的空间形态呈现出球心的态势，同时具有良好的比例关系。从尺度上看，整个广场的横向宽约为280米，纵向进深约为200米。广场中部的铺地是用红土砖铺成的扇形平面，并用石材将铺地分割出放射线形状的图案。这部分铺地范围的大小又分别是：横向约230米和纵向约135米。从断面上看，这个扇形广场前后部分的标高相差非常大，其中最高点与最低点之间标高相差约为5米。但是由于坡度比例关系调整得当，所以整个广场呈盆形缓坡曲线状，让人感到平缓而舒适，并不觉得陡峭。值得一提的是从开敞式入口处到广场中心的最低点处，两者标高相差将近有10米，所以当你站在入口的高处透过面前建筑的缝隙向广场望去的时候，广场犹如远山的谷底一样，广场上的景观可以尽收眼底、一览无余，你可以在瞬时间对广场有一个整体的把握。

在意大利，不管城市的规模有多大或者有多小，都会拥有广场。在中世纪时期，这些城市广场的目的是为了集会。而在今天，尽管广场的使用和功能与当时建设时的目的有所不同，但是广场仍然是当地居民聚集、交流的最好场所。从这一点上来看，锡耶纳康保广场的空间处理和设计手法仍然对我们现代城市的外部空间设计有着宝贵的参考和借鉴价值。

广场除了由围合而成之外，实际上于屋顶上设置广场的聚落也是存在的。中国甘肃境内从合作镇往临潭方向约3～4km处的高走村便是一个典型的具有屋顶广场的聚落。这是一个由藏民族生活聚居而形成的聚落，约有24户人家，“一”字形排开，住宅的材料使用的是土坯砌筑与夯土结合。屋顶采用的均为平屋顶，连续的并肩排列使屋顶联合形成了一个大的广场，这个广场的作用主要是为了在上面晾晒谷物和作为劳动的场所之用。聚落中各家圈养的家畜主要是以牛、羊、猪、牦牛和鸡等为主。在另一行高走村的村子的入口处有一个很小的塔，白色，虽然不高，但与周围的黄土山丘以及由黄土夯成的住宅在色彩上产生着强烈的对比，作为村子界定的标志足够醒目。村子的中心是一块开阔地，这里有一个供全村使用的饮用水源。这个聚落的一个最主要的特点，就是平时本来应该由村子广场所担负起来的功能完全是由屋顶部分来承担，由于整个聚落的屋顶是由各个房子的屋顶并肩排列构成的广场平台，所以在屋顶上晒有粮食并进行着打场的工作，屋顶上是可以走通的，这样无形中增加了广场的面积，又由于广场与住宅所依靠的山坡相连接，整个聚落与山坡形成一个整体。

而这样的山坡与住宅之间的巧妙结合，在西班牙的瓜迪克斯聚落也有所表现。这个西班牙的聚落被掩埋在丘陵的下面，从外面看过来，聚落中只能看到露在丘陵之上的烟囱和通气孔。在这个聚落中，广场和街道的系统是模糊的，屋顶既是街道，同时也是广场，这样的屋顶广场应该是另外的一种特例。

与将屋顶作为广场有所不同的聚落的实例，是将整个大地作为一个广场来看待的例子，典型的应该隶属于中国的地下式竖向窑洞。我们在对西安乾县一带进行窑洞的调查过程中，与环境和自然巧妙结合的窑洞聚落呈现出很多超乎设想的例子。有时我们在寻找窑洞的过程中，虽然已经身处聚落之中，但却常常因看不见窑洞的所在，而无法判断聚落的范围。由于窑洞往往挖设在田地的内部之中，田地和住居没有领域上的区分。比如从地表上看，看到的只有玉米等农作物，却看不见房屋，只有时而看到玉米地中冒出的缕缕青烟，或在玉米地行走的过程中听到从某个方向传来的收音机的声响或是老人、儿童、妇女的对话声，从而大致知道地中有住居存在。然而即使是这样，也无法判断住居的确定位置，呈现在眼前的只有绿色的庄稼植物。行走中只有从玉米丛中突然出现的稀松处，才能看到潜伏在地下的窑洞住居的所在。

陕西乾县的太平岭窑洞，就是这样一个富有戏剧性色彩的住居，这是一个由吴姓兄弟两家共同挖制的一个大窑洞，与单个的家族控制的窑洞呈现出的近似方形的窑洞有很大的不同。这个窑洞是由两个方形组合所构成的长方形的窑洞，是一个具有集合性特征的窑洞建筑。窑洞的地面上就是耕地，窑洞的周围也没有栏杆，这种做法似乎非常不符合我们今天的建筑法规。弟弟与哥哥家之间只有一墙相隔，表现出很强的两家共有的特征。

中国的地下窑洞是从地面往地下竖向挖制，然后再在竖向的庭院中形成的四壁上进行横向挖横穴住居的一种居住形式，其竖向中间部分挖制的院落空间对于周围的横穴式房屋来讲，就是一个广场功能的存在，而这种地下窑洞式的建筑的整体在我看来实际上又是地上的四合院的反转，是四合院的原型，或者说四合院可以理解为是地下的窑洞升出地面的状态。我们知道北京的四合院的居住形制是四周的住宅围绕着一个内院所形成的布局形式，由一正两厢围合成院，所有的入口都是处于东

广场是可以在不同的标高上呈现的，特别是地形复杂地带的聚落，而有时在同一个聚落中存在这种分布在不同标高上的广场，会在无形中给聚落中的居民提供用于不同使用目的所应有的分区。位于中国云南省泸西县永宁乡南部的城子村聚落，其住居的屋顶伴随地形等高线形成着在不同标高存在的屋顶广场。

南角，符合风水要求，且厕所位于西南角。而陕西的地下窑洞事实上是与四合院的住宅形制极为一致，同样也都是从东南角进入，而且厕所的位置也一定放置在西南角，因为风水上，西南角是巽位，是院落空间中风水最差处。所以极有可能这种窑洞中形成的文化在走到地面上后仍然被保持着，即保持着地下窑洞所保留下来的围合居住的习惯，其居住方式也依然地保持着围合的特点。

太平岭窑洞的地下庭院距离地上有近 11 米高，在地下的广场上丝毫无处于地下之感。对于我们这些探访者来说，刚才还在地表田地之中，当进入地下后，瞬间地感到刚才还在地面上的耕作者似乎升空上了屋顶，这对于我们这些在地面上生活习惯了的人来说，多少感到有些空间上的错乱。这种存在于家庭之中的中心空间实际上起到的仍然是广场的作用，是一个迷你小广场。

与黄土有关，并以一个共同体的方式构造而成的聚落当属中国福建的土楼。土楼存在有两种形式，一种是方楼，即一个巨大的方形的建筑，另外一个就是我们概念中的土楼，圆楼。无论是方楼还是圆楼，其住居的特征都具有明确的中心构造，只不过圆楼的特点更加明显，表现出的是一种同心圆的构造形式，所以一提到土楼大家首先想起的就是圆楼。在这种具有同心圆的构造中，其特点是中心位置的功能，有的圆楼中间所围合的就是广场，有的是在中心设置祖宗牌位的家庙，但无论怎样，这种构造中的中心都是为居住在聚落中的居民提供一个聚会或祭拜的场所，而这些场所同样起到的是广场的作用。实际上，从土楼的结构特征上看，土楼还是一个放大了的四合院，只不过这个“四合院”的周围建筑的尺度被放大，由一正两厢的住宅改为一组住宅，由单一的家庭改为一组家庭共同体生活，而这种共同体生活的特征事实上构成了一个集合住宅的原型。

除了作为正统的广场所表现出的特征之外，有的聚落街道同样地也起到了广场的作用，比如前面所举过的希腊米科诺斯岛的聚落的街道，既是一个迷路，同时还是一个极具特点的街道广场，这里的住居的一层是一个起居室，但是其门前的街道同样地是一个室外的起居室，由于地中海的特有的气候，街道成为了室内的反转，即街道作为与室内空间同等价值的使用特征非常的明显。在这里我们可以看到居民们在街道上看书、闲聊、织渔网，街道成为交流场所的同时，构成着聚落空间的广场性的性格特征，是一个街道式广场的典型的实例。

意大利托斯卡纳地区的锡耶纳康保广场，被誉为“世界上最美的广场”。聚落的广场整体如同一个折扇，倾斜地摆放在聚落中心。广场的高点和中心的聚集点的标高相差约5米左右，而最低点的中心处是作为广场下水道的排水口。

由于康保广场所在的位置其前身曾经是一个罗马时期的小剧场的旧址，因此广场建立时沿用了曾经存在的剧场的标高尺寸。也正是这个源由，康保广场的整体形成了一个具有陡峭标高变化、并呈向中心聚合的空间特征，也正是由于这种因果关系的巧妙因借，使广场整体产生了世界上独一无二的特征。

广场的整体铺装采用砖，扇形的图案分界线条纹图案采用石材，由于对材料的精心选择，特别是地面铺装所带来的在建构上的装饰性，加上不同三角区域的砖石在色彩上的微差变化从而让空旷的广场不显单调。

左图和右图是从两个不同标高的视角所进行的对广场的观察，左图是从市政厅的高塔上俯瞰广场，广场上部所形成的缝隙，实际上是右图中所表示的视点的位置，而右图是透过缝隙看到的广场和市政厅及高塔。

距中国甘肃省合作镇约4公里处的高走村聚落是一个藏族聚居的村落，聚落中的住居背靠一个小的山包，住居肩并肩地沿“一”字阵形排列。“一”字排开的住居前方将近中心的位置有一个汲水井，是聚落的一个重要的中心所在。“一”排开的住居的屋顶彼此相连接，中间几乎没有分割，形成了一个条形的屋顶广场。

高走村聚落中的大部分住居背靠着一个小的山丘，并沿着山丘向下的坡度方向形成一个跌落式的体块布局，由于聚落位于海拔两千多米的高度，强烈的阳光造成强烈的光与影的对比。

中国四川省的桃坪村聚落中，住居连续在一起形成着错落的空间体块关系，各家的屋顶是连在一起的，彼此可根据需要用梯段将相互间的屋顶连接在一起，并可让整个聚落构成一个连续的并具有不同标高的屋顶广场。

太平岭聚落的窑洞住居，是一片下沉在玉米地之中的聚落，由于聚落下沉于地下并且玉米地周围边界范围无法确定，因此基本上无法判断这个聚落的大小规模。走在玉米地中，看不见住居，只听得见从玉米地中传出的中午收音机正在播送“小说连续广播”的声音，顺着声音寻去，忽然眼前出现一个长条形的大坑，坑下边有居民活动，而这个大坑就是下沉式窑洞。

太平岭吴姓居民的窑洞住居中间是一个方形的院子，中有一口水井，院的四周墙壁侧向挖有拱形横向洞穴作为居室而使用。在窑洞的东侧有一个坡道自北向南缓缓而下，中途向北折恰好落到窑洞东南角，而这个坡道的尽端恰恰就是窑洞的主入口。

位于中国云南红河哈尼彝族自治州甲寅乡的作夫村聚落，住居采用被人们称为蘑菇房的住居形式，一层为禽畜用房，二层为人居，三层为库房。作夫村中与街道并行的还有水系，广场是道路、水系及人流的交汇场所。

摩洛哥的提·兹乌林（Tin Zoulin）聚落中住居的内部，四周的住居围合了一个巨大的院落，居住着好几个家庭，令人想起福建方楼的同时也易联想起山西与河南的地下窑洞和北京的四合院。

中国福建省的绳庆楼，与其说是一栋住居，确切地说是由相同的家族共同居住而围合成的方楼聚落。方楼的整体为方形，一般分三层沿竖向切割安排住居，中间围合的大空间是家族共同活动的小广场。

中国湖南省的张谷英村聚落是由一个大家族经过几代人的不断繁衍、不断扩建而形成的聚落，每户住居中包含有多进的天井院落，天井周边的空间是家族聚集的公共空间。

云南省普洱市西盟佤族自治县马散东俄新村聚落中的岩林甩住居，住居室内是由火塘形成的有中心性的起居空间，而这个空间本身是私密空间的同时又是一个家庭意义上的小广场。在这个小广场中方位是有意义的，进门面对火塘的正对面是上座，年老者及尊贵的客人方可上座，长辈的寝位也在这里。

云南省翁丁村聚落李赛春家的入口平台是承上启下的转换空间，其空间性格暧昧但目的明确，是一个具有小广场性格的转换空间。对从室外进入家中的人来说，这个平台是从外部空间到私密空间的过渡；但对家里人来说，从室内走到这个平台，给人的感觉却是室内的延展，平台如室外的露台。

04.几何学

几何学是表达空间的基本语言，尽管生活在聚落中的人们并不一定每个人都学过几何学，但是他们所居住的庇护所本身却充满了几何学的特征。究竟人们是按照几何学的规则去建造的房屋，还是人们在建造房屋的过程中不自觉地流露出这种几何学的本能，这似乎又让我想起前面所提到的蜜蜂进行筑巢的举动。蜜蜂在其筑巢的行动中，实际上都表现为六角形的几何学的特征，这种几何学的特征并不是由于蜜蜂学习了几何学的知识并根据自己的知识进行蜂巢建造的，而是在建造蜂巢的过程中蜜蜂自然而然地采取着一种几何学的行动。这种行动是本能的，是无意识的，也是一种自觉的行为，这种行为是不分地域和蜜蜂种类的行动，是蜜蜂之作为蜜蜂所具有的先天的本能。同样地，乌鸦和鸟类的筑巢行动所带来的最终结果也呈现出一种圆形的几何学特征，这一切实际上很容易让我们联想起人类在使用几何学时究竟采用的是何种的本能？人类的本能地流露出的几何学又是什么？如果我们将人修建自己的庇护所即修建聚落的行动看做人类自己保护自己并如同蜜蜂为自己筑巢的一个本能的行动的话，那么由于这个本能所流露出的几何学的，结果事实上恰恰地反映着存在于人的身体中的一个筑巢行动过程中的一种无意识的几何学的表达。对于聚落中所表达的几何学的思考如同对蜜蜂筑巢穴所表现出六边形的思考一样，我以为聚落中的几何学反映着人的先验的本能和内心的需求及特征。

依照上述思考进行理解，聚落中的那些没有建筑师设计的建筑，其表现出的几何学的形态客观上表现着人类的一种本能的状态。如果说建筑是人类的空间概念的产物，那么这种空间概念本身就是某种存在于人类身体中的一种客观性的存在状态，并且能够在修建自己的房屋的过程中明确地体现出来。位于北京东北郊延庆县的古崖居，是一处古聚落的遗址。本来崖居这种居住形态在世界聚落中并不稀奇，但是这处崖居在开凿过程中的举动却是非常值得我们深思的。因为人们在山体中开凿出的洞穴房子是一个矩形的空间，考虑到对蜜蜂筑巢过程的思考，古崖居中所表现出的方体的矩形空间实际上就是开凿者的意识中的空间概念的表现。

在中国客家土楼的聚落中几何学的表达同样地是非常清楚的，而这种使用明确几何学进行思想和意思表达是人性中最直接和最简单的一种表现。福建客家土楼是以整个聚落形成的一个巨大的圆形或方形建筑来解决人们的生活问题的，几十户的

上图和下图均为希腊的里尔聚落中的住居建筑，建筑由自由的几何学体块自由组合而构成，表现出居民对几何形体的自如运用和清晰表达。

家庭围绕着一个中心居住、生活，表达着居住者一种“合适”与和谐的状态。坐落在福建省的圆楼田螺坑村，是以方形与圆形的几何学并举，给人以极强的现代风景的感觉。据说这个聚落是由美国卫星发现的，而且被误认为是中国新修建的一个现代化的军事基地，后来经过调查才发现这一带实际上是客家人居住的方楼和圆楼。朴素的几何学带来现代的清新感，看来“旧的往往也是新的”这样的说法是有其道理的。

窑洞这种居住形式也是中国人的一种几何学的表达。这种表达的方式类似于古崖居的挖掘的举动，不过古崖居所挖的是一个个人的尺度，而窑洞则是由几个人构成的一个家族的尺度，而这个家族的尺度非常有意思，那就是我们在几个聚落的调查中，发现普通家族所支配的范围一般均在 20 米见方前后的面积范围。比如窑洞的一个单个的住居的尺度一般为 20 米前后，而我们在青海调查的聚落尽管是在地面上，但同样地是以 20 米前后的夯土围墙所围合起来的方形院落的构造。而这种尺度上的范围的变化从某种意义上反映着人的支配范围的特征。

中国的建筑中的几何学特征是非常明确的，往往表现出明确的方形、圆形和三角形（民居中的三角形屋顶，明确地彰显着聚落的特征）。这种表现出明确几何学特征的聚落在希腊圣托里尼岛聚落中同样存在，圣托里尼岛上有两个聚落，一个是斐拉，另外一个叫里尔。斐拉聚落所表现出的几何学特征非常明确，采用的大多是以直角的几何体，然而里尔聚落的几何学则显得自由。由于里尔村依山而建，所以村落整体形态巧妙地利用了地形等高线的高低变化，以横穴式窑洞来作为建筑布置的基本方式。在这里居民们将住宅的一半插在山体里，另一半儿露在外部，整个建筑群犹如生长在山体的侧面上，与山体的地形地貌非常协调。这个以基克拉泽斯式建筑形式所构成的典型村落有着非常突出、明显的特点，下面我们将针对其几何学的特征进行分析。

实际上，强调体块的雕塑性以及明确的几何学关系是里尔村的建筑的一个主要特色。就村落整体而言，简明几何学要素的运用是构成这里住宅建筑的基本方式与手段。由于采用了单纯几何形体块来对建筑的视觉形象进行处理，从而使得建筑的体量关系十分明确。只要略加审视，则不难发现这里建筑体量关系的组合多以园、柱、拱、台等在视觉上容易被认知的单纯几何形体来完成的，采用这种单纯明了的几何形体作为构成建筑的元素，一方面不仅给人以明确、强烈的印象，同时在人的心底还会产生一种纯粹性的感觉。

行走在里尔的聚落中我们还明确地感到，运用纯粹的建筑语言来表现建筑本身是里尔村居民懂得美的表现的象征。居民们似乎十分地注意“好看”、“漂亮”和“美”在美学概念上的区别，明白建筑本身应当在怎样的美学层次上加以表现和完成。关于这一点，仅从这里室外楼梯的处理便可清楚地读解到他们对于建筑所持的理解和态度。按一般性的对于建筑的思考，这里很多的处理似乎难以符合功能上以及安全规范上的要求，例如住宅的室外楼梯一般不加设扶手这一点就很令人费解。为什么？加了扶手不是会使家人更加安全吗？然而他们的思考似乎却不仅如此，在他们的眼里，楼梯扶手的存在似乎会大大地削弱建筑的几何学上的纯粹性和建筑的雕塑性表现。他们似乎知道建筑在表现时应该弘扬什么，在发生矛盾冲突时应该选择什么。在他们对于建筑理解的层次上，似乎认为这种没有扶手的楼梯就已经足够了，是恰到好处。这是他们所下的理性判断，反映的是他们的观念。

几何学在聚落中的多种表现，似乎突出地显示出了方体和直角空间的地位，因为世界各地的聚落从整体上观察，大量地采用了方体空间，而少量地采用了圆形空间。然而如果说六角形的蜂巢是蜜蜂的本能，即六角形几何学是蜜蜂的先验的存在的话，那么世界聚落中所具有的方体空间便是人的几何学，而方体本身是人的先验的存在。从另外的意义上讲，如果说蜜蜂是一个六角形的动物，那么人本身不正是一个直角的动物么。

聚落中的那些没有建筑师设计的建筑，其表现出的几何学的形态客观上表现着人类的一种本能的状态。如果说建筑是人类的空间概念的产物，那么这种空间概念本身就是某种存在于人类身体中的一种客观性的存在状态，并且能够在修建自己的房屋的过程中明确地体现出来。希腊圣托里尼岛北部的里尔聚落，处处表现出人类利用几何学进行建造住居空间的智慧。

DAS EINZIG WAHRE

聚落中的一切是建立在合适和得体之上而进行判断的，如聚落中的某些构成要素的制作工艺是否精致等问题，应该从整体进行分析。如图片中蓝色的住居入口门板的制作虽然从工艺角度看是粗糙的，但摆放和应用到这里却是恰到好处。此外，充满几何学特征的希腊圣托里尼岛的里尔聚落中还处处显露出未来感，看看上面图片中左上部分的窗和烟囱的巧妙组合就不难获得这样的感受。

里尔聚落中的几何学运用不仅仅表现在建筑大的体量关系上，还表现在建造过程中构成建筑的诸多的细节和要素上。如图片中所展现的聚落中的烟囱，其在造型上所采用的几何学处理非常讲究，尽管一个烟囱在功能上是简单的，但是在这里，为了完成一个烟囱的造型，建造者首先在屋顶上筑起一个小台座，然后在其上再摆放一个台形的几何体，这一切才构成一个烟囱的完整设计。

在里尔聚落中，几何形体的布局并不是随意的，在从街道转过来的视线正前方摆放烟囱，似乎赋予了其某种神圣和崇高的意义。

自由的几何形体的多样性组合所构成的住居组合如同从山上流淌下来的泥浆，自由、有机地凝固在了山的峭壁上。

中国山西浑源县的菜地沟村聚落，是一个地上窑洞聚落。在这个聚落中，几何学的运用是明晰的。该聚落属于地上窑洞，聚落中的住居有部分是借丘陵的坡势进行侧向挖掘形成的，有些在所挖掘的侧向窑洞前部增加和砌筑一个立面以表现出房屋的形态。

拱的几何学的使用是菜地沟这个聚落的主要特征。图片中的住居是当地的一个较为典型的住居，住居的屋顶是用当地的黄土掺杂石灰组成的三合土抹制而成的，自由和富有雕塑感的造型不禁令人想起美国建筑师路易·康的现代建筑。

福建客家土楼是以整个聚落形成的一个巨大的圆形或方形建筑来解决人们的生活问题的，几十户的家庭围绕着一个中心来居住，表达着居住者一种向心与和谐的状态。由巨大的圆形和方形的几何形态所构成的福建省的初溪村聚落中的圆楼聚落，依赖大家族而构成的聚居方式对于现代来说是一个具有启示性意义的集合住宅。

初溪村的聚落的集合方式有其自身的特点，从总体上看非常具有套盒的味道，譬如说从大的尺度上来观察，整个初溪村聚落是由若干个大的方形和圆形的几何体状楼体所构成，但从中观的视角上看，事实上每一个几何楼体的内部实际上又是一个小的聚落。这样的构成方式实际上非常类似于当代城市中城市和居住小区之间的关系。

这是摩洛哥聚落伊姆兹库（Imzuik），位于约距马拉喀什南60公里处的山区，大约有近100户人家居住，聚落中有的住居从中间层进入，然后分为上下两个部分，其总层数竟然高达6层，建筑用碎石砌筑，开窗很少而且很小，表现出封闭的性格。

中国青海省湟源县日月山村聚落，周长大约20米左右的、封闭的正方形围墙构成居住的基本领域方位，领域之间有街道，农耕田地位于聚落的周边，与这一带的土族聚落中将农耕田地放在聚落当中的布局方式形成对照。

日月村聚落的整体构成是富有震撼力的，我们对其进行探访时恰逢清晨，当车子转过一个山路，眼前突然一片开阔，日月村聚落展现在眼前。聚落的整体是一个个由方形围墙围合成院落的住居加以组合而构成，呈现出明确的封闭状态，每个入口有一个用瓦披檐的门头，颇具后现代建筑师常用的符号学意义上的设计手法。

日月村聚落的居民是汉族，在围合的20米左右见方的居住领域的内部，一般地布置有一个“L”形的住居，并且在内部院落的划分上非常类似于中国北方四合院的布局方式，即在院内划分出前院和后院。甚至聚落中多数的居民将其住宅中的前院与后院相连接的二进院大门做成月亮门，明显地令人感觉到汉族居住文化的意向。

中国青海的丰台沟聚落是一个土族居民居住的聚落，聚落是以由院墙所围合出来的18米左右的方形空间作为每户居民们的基本居住单位。

河南省的磁钟村窑洞，方体的几何学特征在住居挖凿的过程中表达得非常充分。人们面对一片土地进行挖掘住居的过程中，空间概念被转化到这个“负”于地下的住居之中。

05.塔

塔具有一种支配的姿态，拥有一种统治的象征。我们的俚语中也经常会讲所谓要站在巨人的肩膀上之类的话语，而话语本身却含有统治的欲望。人有登高的欲望，因为登高会打破日常性的视野，带来心情上的非日常性的感受。中国古代“欲穷千里目，更上一层楼”，以及“一览众山小”的意境皆可以由塔的存在而实现。

中国一提到塔，往往与佛塔相关联的概念对中国人来说是比较强烈的。然而在现代城市当中，塔作为一种精神上的寄托，或者作为征服者的象征的存在已经转换为高层建筑。过去的作为某种宗教象征和精神象征的塔在现代化城市中已经转换为经济成功或经济支配地位存在的象征，为了表现城市的实力和功绩或表现财富，当代城市中争相修建世界或者亚洲第一高塔的情形并不少见。而在这一点上，塔本身成为当今商业竞争欲望和支配的表现的事实是无需争辩的。

人类似乎又有修建塔的本能，如历史上所传说中的巴比伦塔，就曾是人类在修建了巴比伦城之后，为了传颂自己的功绩而决心修建的一座通天的塔。虽然建造巴比伦塔最后触犯了上帝，但是这说明从一开始，高塔就是人类显示自己力量的象征。所以，塔实际上表达的是人向上的一种精神和一种征服的欲望的表现。

世界上存在有很多拥有塔的聚落。塔对于传统聚落来说，是力求控制区域内高点的同时，还有给整个聚落带来平衡感和象征的功能。比如前面所谈到的位于中国甘肃省合作镇附近的高走村聚落，其聚落中有一个非常小的塔，坐落在聚落的出口处，虽然只是个很矮的小塔，但是这个塔在聚落中却是一个精神上至高无上的存在。所以塔的存在，不在于它是否高大，而在于它是否具有象征的内涵。

对于现代社会而言，塔的建造在很大程度是商业上的力量在趋势高层建筑不断向上攀升。纽约，其曼哈顿的高塔林立，源于典型的商业社会竞争的结果。当其区域内的某个公司，建了一个高塔之后，那么其他公司就会力图在它旁边建造另一个超过它的高塔。在 20 世纪 20、30 年代中国的上海，同样地也存在过这种攀比的建筑现象。而今日这种高层建筑林立的状况似乎已经成了现代大都市化的象征，建筑的构图追求垂直方向的向上发展，高层建筑之间相互攀比着高低，追求在城市高度上的制御能力，并使之成为财富与力量的体现。如果说高层建筑的产生最早源于对于土地使用的经济性等建筑功能上的思考，那么现在高塔林立的城市景观与城市的

意大利托斯卡纳地区的圣几米尼阿诺聚落高塔林立。从公元1200年后不断发展起来并以塔而著名的小城市，公元13～14世纪之间曾是罗马法皇派和神圣罗马皇帝派之间激烈争斗之地。

现代化等级似乎成为了一种等式关系，所以从这个意义上讲塔又是一种虚荣心态的表述。

现代人所表现出的这种虚荣心态，事实上可以追溯到中世纪。在意大利托斯卡纳地区有一个曾标志着中世纪时期的“现代化”最高境界的城市圣几米尼阿诺（San Gimigiano）。这个城市是以一个高塔林立的景象表现着中世纪时期的“现代化”的。由于这种中世纪的现代化风景与美国纽约曼哈顿的风景表现出惊人的相似形，所以至今圣几米尼阿诺当地的居民还“引以为豪”。在这个中世纪的小城中，我们不仅可以找到倒塌于“9・11”事件中的纽约世贸双子塔建筑的原型，更能发现历千年而不变的人们争相建造高塔的存在以及建造高塔内心深处的动机。

这个从 1200 年后不断发展起来并以塔而著名的小城市，公元 13 ~ 14 世纪之间曾是罗马法皇派和神圣罗马皇帝派之间激烈争斗之地，曾经充满过血腥和残暴。后来因这里盛产葡萄酒，吸引了不少富贵的生意人，小城的经济也因此得以繁荣。到了文艺复兴时期，为显示富贵之族的地位和权势，攀比高塔的风尚达到了顶峰，目前耸立在城中的那些高塔则大多建于这个时期。据称经济最繁荣时，城内曾建有 72 座高塔，尽管眼下的高塔只剩 14 座，但当时的繁荣景象还是不难从现状中得以想象的。伴随着周围新的城市国家的不断兴起，小城过去曾一度优越的发展条件逐渐被其他的城市国家所替代，所以自 1674 年起，圣几米尼阿诺便开始从繁荣走向衰退，为显示贵族的权势和地位而竞相建塔的风潮也不得不因此画上了休止符。而那些作为历史见证和遗产而保留下来的高塔，今天已成为圣几米尼阿诺具有特色的城市风貌。

圣几米尼阿诺这个小城深处的商业街叫基奥巴尼路，走进这里犹如走入中世纪的舞台。路边两侧满是餐厅和店铺，漫步在街道上的熙熙攘攘的人群，似乎不是这里的游客和居民，而是中世纪影片中的演员和人物。耸立在路尽头的高塔，控制着整个街道的景观。穿过此塔侧面的第二道城门，空间豁然开朗，这里便是圣几米尼阿诺城的中央广场，叫奇斯荻鲁那广场。广场呈三角形，中央有一座 13 世纪挖掘的水井，这个水井曾是该城中最重要的水源。在广场的旁边，与这个广场相邻接的还有另外一个较之规模略小的广场叫埃鲁伯广场。圣几米尼阿诺大圣堂就建在埃鲁伯广场一侧的数段台阶之上。大圣堂为罗曼内斯库风格的三柱廊式，圣堂左边有一个 54 米的高塔，这是圣几米尼阿诺城内最高的塔。据说该塔于 1255 年建成后不久，地方政府便下了一道禁令，不准以后再有超过此塔的新塔出现。从圣几米尼阿诺城内高塔林立的景象我们不难看出，具有现代大都市风景的中世纪小城表现出的竞相建高塔的虚荣心态与 20 世纪商业社会那种竞相攀比建筑高低的做法的惊人相似性，的确令人深思。

塔在具有象征意义的同时，在传统聚落当中还有防御性功能。中国四川马尔康松岗直波村的塔和若斯部村的塔带给人是另外一种塔的意向，在这一带居民大部分是嘉绒族。直波村位于山下，而若斯部村位于山上。山上的若斯部村中的住宅都建筑在山脊上，并且呈一字形排开，村中的住宅基本上都是石砌筑结构，3 层。一层是饲养家畜的空间，二层是住家、生活空间，三层是正式的经堂（读藏传佛教的经书处），此外在三层的位置还有一个屋顶平台，主要用于晾晒谷物和干燥辣椒，同时这里也是做家务的场所。村子的中心位于整个村落当中的最低处。而山下的直波村则拥有两座近 30 米高的高塔，依山势南北分布。南碉在村内，北碉在村北山脊上，相距 50 米。其外形均呈八角形，内呈圆形，整体由下往上渐内收成锥体形而显得威严险要。

西班牙瓜迪克斯聚落是在丘陵地面上布满通气塔的富有特色的聚落，由于住居均埋藏于丘陵的下面，因而只有通过地面上的塔的数量和分布才能判断地下住居的数量。通气塔的高度不是很高，但是由于数量上的庞大，同样会给人以气势非凡的感受。

在这个聚落群中，尽管高塔林立同样的是这个区域聚落的特征，但是这里的高塔并不是作为虚荣心的表述，而的确拥有战争意义上的功能。传说历史上清朝政府在平定大小金川的暴乱时，这里的塔一度成为攻不破的堡垒。后来清兵在北京房山一带修建一座供战法研究的类似的高塔，几经训练之后才将这里攻破。从这里几座高塔之间相互关联的整体的意向上看，高塔顶端占据了空中的优势，山上的聚落与山下的聚落之间均由高塔控制，而三座高塔在空中形成了一个控制这个区域范围的制高空间，颇似现代战争中的卫星的作用。此外，有时塔在一个聚落中还作为会所，聚集着整个聚落的居民，体现着聚落居民向上的力量。

中国侗族的聚落中都有一个制高建筑，这个建筑叫鼓楼，在侗族的聚落中起着塔的作用。这个建筑是木结构建造，下层是开放的，在聚落中如同一个大的亭子，而这个鼓楼本身对聚落的居民来说是一个会所，平时也是大家在此相聚的地方。对

在传统聚落当中，塔还有防御性功能的需要。中国四川马尔康松岗直波村的塔和若斯部村的塔带给人是另外的一种塔的意向，图片所示的塔的聚落叫直波村，位于中国四川省的马尔康地区，在这一带聚落中的居民大多是嘉绒族。

于侗族的居民来说，每个聚落中木制的塔式鼓楼经过几十年就会拆除并重新修建一遍，这种拆与建的反复过程并不是因为鼓楼的耐久性不够，而在于通过鼓楼体现和促使居民之间的互动。因为在这种拆与建的过程中，全村的居民均会参与并出钱出力，这样做据说可以增加聚落中居民的凝聚力，强调一种共同体的精神。同时在这个过程中还有一个重要的目的，就是在建设的过程中老一辈的匠人将自己的经验和手艺传给年青一代。在这里作为鼓楼而存在的塔的本身具有物质与精神的二重性，同时还承载着教育传承手艺的功能。

高塔林立的意大利聚落圣几米尼阿诺，是一个高塔林立的聚落。历史上曾经作为城邦国家有过商业的繁荣，据称经济最繁盛时城内曾建有72座高塔。尽管眼下的高塔只剩14座，但鼎盛时期的繁荣景象还是不难从现状中得以想象的。

左图为从埃鲁伯广场的圣几米尼阿诺大圣堂的台阶上所观察到的聚落的景观，聚落中的塔的建造和造型非常简洁干净，与曾经的纽约双子塔的造型极为相似。右图为聚落中的街巷风景，走进这里犹如走入中世纪的舞台，路的两侧布置有餐厅和店铺。

从呈三角形的奇斯荻鲁那广场看相邻的埃鲁伯广场。在奇斯荻鲁那广场中央一侧有一座13世纪挖掘的水井。而埃鲁伯广场上的数级台阶上建有圣几米尼阿诺大圣堂。

桃坪村的聚落有两个高塔，塔的建造技术表现出建造者对于石材特性的谙熟。塔侧面分面处的转角，侧锋锐利如同刀刃，显示出石材建筑技艺的精悍。

整个若斯部聚落的住居基本上都是采用石砌结构。建筑一般建造为3层，一层是饲养家畜的空间，二层是起居生活空间，三层是正式的经堂（读藏传佛教经书处），此外在三层的位置还有一个屋顶平台，主要用于晾晒谷物和干燥辣椒。

若斯部聚落的整体布局有两个主要特色：一是聚落的选址，聚落是选建在山的最顶端，二是聚落中建筑的布局顺山脊的两侧一字排开，并随山势的变化形成中间低、两个长边向上升高的趋势，是一个有特色的空中“街村”的聚落布局。

若斯部聚落的居民大部分是嘉绒族。从若斯部的入口向山下望去，有一个叫直波村的聚落，两个傲立的八角羌碉高塔成为聚落的象征，同时也展现着聚落的威严气势。

在四川省汶川县有一个叫羌峰村的聚落，由于这是成都羌族区的第一个村落，所以又叫西羌第一村。寨内有60多户人家聚居，入口处的石砌羌碉高11层，约25米。

图片为摩洛哥的一个废弃聚落扎维阿·爱尔·哈基（Zaouia El Ghazl）。当一切均变成废墟之后，只有象征着宗教精神的清真寺和支配着制高点的塔还存在着。

将山体作为自己的住居的形态，是一种拥有四两拨千斤智慧的举动。在西班牙南部瓜迪克斯聚落中，住居是以山体作为住居的形态，并在山体上开凿户牖来完成的。

瓜迪克斯聚落位于丘陵地下的住居，以突出于室外丘陵上的通气孔，而拥有着不同的形态，并彰显着彼此住居个性特征的存在。
右上图为瓜迪克斯聚落的场景，右下两幅图片为瓜迪克斯聚落中的住居。

富有雕塑感的瓜迪克斯聚落中的住宅。住宅的换气塔结合山体形成完美的建筑形态。

贵州肇庆聚落的塔——鼓楼，是聚落中人们聚会的场所，也是侗族举行祭祀的场所。

06.重复

重复是自然界中最常见的现象之一，即相同或相似的形式多次出现所产生的形态或造成的印象和感觉。如果想一下我们生活中最常见到的，如一列身穿相同军装的士兵以及相同品种的树林等，重复的现象则不难理解。

重复这种同类事物的连续性表现，实际上是一个非常古典的表达方式，比如古希腊神庙中的柱廊、罗马建筑中的拱券等等，从正统的建筑史中所举的实例中是很容易理解的。然而重复在当代又是一个非常现代的概念，如工业生产所制造的产品，重要的特征就是重复，从而造成了现代社会中重复的现象处处可见，难怪 20 世纪 60 年代美国波普艺术家安迪・沃霍尔的作品中，重复成为表现消费时代的主要特征之一。

重复的概念从心理学的角度上看，是指在人的心理和身体上存在有一个具有韵律感的东西，即存在有一个整体的节奏。心理学家们通过研究提出，分节和节奏实际上是人心理上的一种期待，这就是为什么有些人听到音乐就想跳舞或者动起来的原因。其实人体的尺度也存在有一个重复的阶，即使它不是完全重复的，也会有一个规律性的重复。比如说一个阶梯，每个相同的台阶里面就蕴含着一个小的重复，因而才形成阶梯。但是重复的概念，在视觉艺术上的应用实际上是最为普遍的。还是以安迪・沃霍尔的绘画来举例，其绘画中关于重复的应用是生产美学与古典美学之间的结合，其中生产美学是当代社会中极为常见的现象，进而也成为一种“旧”的但又是“新”的美学观念。比如我们走进商店，看到货架上摆满同样的罐头的场景，这种重复能够形成简单的单元，就像穿着统一军装的军队一样。

有一个因制服而引发的故事，诸位也可能都听说过。两军对垒，一边的士兵没有穿制服，给人的感觉如同是散兵游勇，而另一边不管它的阵容强大与否，因为穿着统一的制服，所以就有整齐划一、步调一致的震撼感觉。这两个阵营实际上表示着两种状态，不穿制服而穿着个人喜好服装的阵营类似于当今没有共同幻想存在的城市，而穿着制服的阵营表示着拥有共同幻想存在的聚落。

重复的显现结果包含有复制美学和生产美学这两个概念，而这两个概念造成的结果非常具有现代感，相反地，个体化的概念是一个非常传统的概念，是手工美学的概念，只要是批量生产、批量制造，最终就会造成“重复”的景象。

意大利的阿鲁卑鲁贝鲁聚落，呈现草帽状的屋顶构成着具有“重复”意义的聚落特征。

传统聚落的形态当中，聚落的每一个单体尽管是极端个人化的产品，但是共同幻想的存在使得每一个个体产品中呈现出共同性。也许是由于重复现象的存在，或者无意识地使聚落的形态显现出重复的现象，都可以让人感觉到聚落中存在着一种统一性和整体感。现在有很多的聚落，特别是一些地处于经济开始发达起来的聚落，当你走进去时，聚落当中实际上已经开始有很多不重复的因素加入，虽然只有一个或两个不重复的因素，或者哪怕仅有一个特殊要素加到某一个聚落当中，你会突然感觉这个聚落就被所谓地“破坏了”，或者说聚落的整体性不存在了。这种现象实际上是由于共同幻想被破坏或者说是由于新的共同幻想的加入所造成的。比如我们在湖南一带所看到的传统聚落中，有些聚落保持完整，而有些聚落中已经出现了星星点点的小红砖房。再比如传统的窑洞聚落，聚落的原貌是地下的一片窑洞，但是突然有一个地方在地面上盖起了一个红砖房，人们开始从地下搬到地面上来了，你就会感觉聚落的整体感被破坏掉了，或者说整个聚落的完整形象被破坏掉了。所有这些现象的产生是因为新的信息的加入，聚落内部的经济平衡被打破，聚落中的共同幻想开始走向破灭而造成的。如果明确了这一点就不会妄加所谓的保护聚落完整性的期待了，因为如果需要保留聚落的完整，必需的前提是共同幻想的完整，否则便只是停留在形式上的保留，是一种无生命状态的保留。

我们今天的生活，实际上被包围在了一个由复制技术所产生的景象里。照片、工业产品、复印机、CD 等，同样的东西通过复制的手段重复地出现，存在于我们的生活周围。城市建筑的纷乱被复制的小产品所包围，构成着城市的特性，构成了当代城市文化的一个主要的特征。然而对于传统的聚落而言，其生活的手工特征所造成的周围产品的个性化，反倒是建筑本身在力图取得某种统一性，相同的形态在同一聚落中反复地出现，形成在“共同幻想”前提下的重要表征。我们在聚落中穿行时往往会发现，当一个聚落中突然出现了异质的形式语言或材料，那么整个聚落的风景马上就发生变化，我们常说“糟了，这里又被破坏了”。其实不然，实际上如前所述，聚落中所发生的异化现象是共同幻想发生破灭的开始。这种破灭的开始源于交流的开始，共同幻想的多样化的开始也是城市化的开始。城市实际上是一个不存在有共同幻想的地方，所以城市里的建筑形式自然是混杂和多样的。

造成传统聚落生成统一性特征的还是由于生产力的内部的均质化和相对的空间概念具有稳定的因素。即便如此，聚落中所表现出的重复也并不是单纯的、相同的东西的简单重复，而是在每一个重复之内相对地有微差的存在。聚落中的住宅的平面如此，聚落中住居的造型也是一样。

简单的重复的变化，会造成“丰富”。拉丁语的重复“copia”是英语的重复“copy”的语源，而这个拉丁语还有“多数”和“丰富”的含意，就是说，重复与数字相关的同时还有“多数”的含意。“重复”这个聚落中常见的现象并不仅仅是“模仿制造”的意思，而是表示着一种共同性的前提。这种共同性表示着先行事物和由此产生的同型性的关系，如果我们能够找到先行性的事物，同型性事物内的模造关系便一目了然。

作为重复这个基本语言在聚落中呈现的典型例子当属南意大利阿鲁卑鲁贝鲁聚落。

靴子形的意大利半岛位于地中海的中央，吸收和展现着地中海文化的精华，而阿鲁卑鲁贝鲁聚落正位于这长靴的跟部。我们是从希腊的帕特拉斯港口乘海船经过17小时的航行，来到意大利的南方港口城市巴利，再从巴利换乘公共汽车才到达阿鲁卑鲁贝鲁这个村落。

现在的阿鲁卑鲁贝鲁早在15、16世纪间确实曾是沿途看到的那种分散式的突鲁里建筑，但是由于17、18世纪之间不断兴起的城市风潮，当地的封建领主便强制居民在原本分散的突鲁里之间填埋夹建，使村落城市化，从而形成现在我们看到的这种集合式突鲁里。又由于突鲁里建筑在造型上的独特性，填埋夹建后产生了数以千计的圆锥体不断连续重复的几何学效果，便形成了现在这种十分独特的村落景观。

阿鲁卑鲁贝鲁的突鲁里式建筑主要集中在两个区域，一是与新区接壤的阿衣阿匹哥拉地区，另一个是该区对面的蒙提地区。村落内部的街道尺度十分小巧，整体上保持着成熟的统一感和整体性，那些沿街道分布的连续式突鲁里建筑，其墙面是共有的，每户建筑大约由3～4个圆锥形状屋顶集合而成，建筑墙面是以大约600毫米×400毫米×300毫米大小的石头所砌成，有良好的防雨性。这种石造建筑的特点是冬暖夏凉，与当地的气候十分相符。像这种锥形屋顶的民居现在被公认为是存在于普里阿州木里杰地区一带最具有代表性的民家建筑形式。

对于突鲁里建筑的起源问题目前还不是很清楚，但有学者认为它来源于中东和希腊。在突鲁里建筑的锥形屋顶上还有明显的象征性装饰，如果仔细观察屋顶的尖部，即可发现上面刻有鱼、鸟、心脏等各种造型的标志。

复杂而形态丰富的阿鲁卑鲁贝鲁村落，其基本构成形式仅仅是单纯的几何圆锥形，但由于这单纯几何形锥体不断重复地使用，从而产生了复杂的造型效果，这种由单纯到复杂，以少的造型要素产生出复杂视觉效果的建筑设计手法的表现是这个聚落的特征。

聚落的重复的表征，源于共同幻想的存在。由于居住在聚落中的居民彼此之间的审美特征以及所支配的资料与生活方式的相似性，从而造成了聚落中的居住形态的趋同，从而也造成了重复的形成。中国湖南省的腾梁山聚落沿山的等高线布置，住居的墙身采用当地采集来的石材，但屋顶采用烧制的灰瓦，三角形的屋顶对与当地自然石材形成对比的瓦的使用造成一种重复与和谐的感受。同样的，位于中国云南元江一带的聚落高寨是一个独特的聚落，它不同于版纳地区常见到的高坡屋顶的聚落形态，而是一个平屋顶的住居组合。这个聚落强调着屋顶的横线条的肌理，轻巧的横短线段是这个聚落形态的重复的特征。这里的居民是黑傣族。整个聚落位于小的山坡的前面，面向水田。住宅采用土坯建造，就其单体的形态，非常简单甚至显得有些单调，但每个居住形态的平均性的集合所构成的丰富性充分地展示了由重复的原理而造就的魅力。

此外，中国山西省二岭聚落是一个地上窑洞构成的聚落，该聚落同样地表现出重复的概念。这里的住居均采用地上窑洞的做法，连续的三个小的拱券表现出重复的特征。每一个一明两暗的住居均由三个小拱券所构成的，每栋住宅虽然很普通，除了材料不同与普通的一正两厢的住宅没有什么不一样，但这也从另一侧面反映出，对于传统聚落而言虽然地域和材料不同，但在居住形式的认同或曰在居住层面上的共同幻想具有共同性。

聚落中共同幻想的概念的存在是重复得以产生的一个重要原因，重复本身又是共同幻想存在的一种表现结果。对比现代城市，由于现代城市中共同幻想的缺失，重复的概念在当代的同一个城市中难以呈现，当代城市中充满的是个体的变异，城市中的每个建筑的不同表现出共同幻想的不在。

云南孟连傣族拉祜族佤族自治县的佤族聚落回库老寨，是一个只有31户、120几位居民的小聚落，这里的一切都是“原生的”，木竹墙，草屋顶，无丝毫的做作，促使散步者思考建筑的基本问题。

位于意大利南部港口城市巴利附近的阿鲁卑鲁贝鲁聚落，在17、18世纪时期当地所进行的城市化过程中，在原本分散的突鲁里住居之间填埋夹建新的突鲁里住居，使得原有的离散式聚落变为今日所见到的，在当时被称为“城市化”的集中式聚落的形态。

聚落内部的街道尺度十分小巧，整体上保持着成熟的统一感和整体性，那些沿街道分布的连续式突鲁里建筑，其墙面是共有的，每户建筑大约由3～4个圆锥形状屋顶集合而成。

阿鲁卑鲁贝鲁聚落这种锥形屋顶的民居是存在于普里阿州木里杰地区一带最具有代表性的民家建筑形式。聚落中街道中强烈的光与影和宜人的尺度变化构成着一种平和的景象。由于街道很少有汽车驶入，所以街道本身又是孩子们的嬉戏场所，起到了广场的作用。

阿鲁卑鲁贝鲁住居的墙面大多采用约600厘米×400厘米×300厘米大小的石材砌筑，并在其外抹灰并粉刷白色涂料，建筑本身具有有良好的防雨性且冬暖夏凉，与当地的气候十分相符。建筑的屋顶采用扁片石材为瓦。图片中门头上悬挑的石片，迎合着当代的设计特征。

甘肃省合作镇附近的高走村聚落屋顶广场上的圆锥形草垛所形成的重复的构成，瞬间令人有与阿鲁卑鲁贝鲁相错乱的风景感受。上图中的小塔是聚落的入口，同时还是一个有宗教意义的标志。

上图和下图均为从高走村聚落中所观察到的风景，尽管表面上看来与阿鲁卑鲁贝鲁聚落之间确实拥有很多形态上的相似性，但是本质是根本不同的，一个是住居真实使用的屋顶形态，一个是随季节而出现的草垛，看似相似的东西有时似是而非。

云南省南部的爱尼族聚落巴拉寨，占据山丘的顶部，聚落中建筑的尺度与其周边树木的尺度相匹敌，同时由于建筑的材料源自于当地的木材，因此整个聚落与周围环境获得协调的同时，其聚落也显得气韵悠然。

爱尼族聚落整体布局有自己的逻辑和特征，聚落内部道路系统的基本架构是：首先有一个主干路顺山势由低通向山顶，其次是沿这个主干路的横向依次沿等高线安排次要道路，而住居随次要道路沿等高线布置。

翁丁村聚落位于云南省沧源佤族自治县城西北方向约40公里处的勐角乡，是一个有99户居民的佤族聚落。聚落由四座大山所围抱，聚落中的住居以一种“重复”的意向散落在由北向南倾斜的坡地上。

采用“重复”意向的屋顶，带来的是整个聚落调性的谐和。但如果仔细地观察，不难发现聚落住居的屋顶造型上还存在有微差的变化，这种变化是聚落居民在得体的前提下追求多样性意欲的体现。

巴破聚落，位于云南省西双版纳傣族自治州景洪县基诺乡，为基诺族的聚落。全聚落居民约325人，共173户，聚落的道路顺山脊向上攀爬，住居安排在道路的两侧。

水源是聚落中的重要所在，往往位于聚落的中心。巴破聚落的水源地正是这个聚落的中心，也处于聚落的十字路口上，并且在这个路口的位置形成一个略微平坦的广场。

希腊圣托里尼岛上有两个极富有特色的小聚落，一个是斐拉聚落，一个是斐拉聚落北部的里尔聚落（上图）。在里尔居住的人大多为船员，这里很多的房子是为船员或由船员们自己修建的。每年为了防雨，居民们往往赶在雨季之前用石灰涂抹一遍自己的房屋。

里尔聚落是一个相对于斐拉更加自由活泼的聚落。聚落的整体意向是随等高线加以布局，从而形成一种具有表现性的风景特征，同时这里住居的下面往往修建有自己的水槽以积蓄雨水。此雨水一方面用于酿酒，另一方面作为淡水来使用。

湖南省腾梁山新湾村苗族聚落，位于吉首市郊外。聚落顺山的斜面沿等高线的整体布局与青瓦屋顶的重复构造，构成山寨特有的场景。聚落中的住居大多为1层。

聚落的屋顶采用瓦屋顶，如同对于等高线的纹路的强调。聚落的街路用石板铺砌，同样的石材也作为建造房屋的砌筑材料。农作物为稻米和烟叶，以养鸡作为主要的家畜业。

高寨村聚落是一个位于中国云南省元江县的西北方向约5公里处的黑傣族聚落，聚落背山面水，住居采用土坯砌筑。

西班牙蒙提弗里奥聚落，建筑顺等高线布局，广场上的教堂变换着色彩和材料，成为聚落中的主角和标志性建筑。

聚落塔真多托（Tazentout）是一组由围合的院落式住宅所构成的聚落。聚落建于山脚之下，面向河流，一组组中间围合的院落住居在聚落中被使用，开孔的院落本身构成一幅“重复”的聚落景观。

山西省二岭聚落，由拱形要素构成的一明两暗住居重复地排列，形成了足以对抗周边残酷环境的聚落的意向。

左上图是葡萄牙靠近西班牙边境的防御性小聚落。聚落的整体呈现星形结构，聚落中心设计有广场，广场的铺砌是由黑白灰三种不同色彩的小石子拼砌而成。

左下图和右图均为聚落中的一个普通的联排式住宅，突起的烟囱在建筑的立面上形成特点的同时也使联排住宅本身产生特征和韵律感。

左图为中国云南的曼浓干聚落，是一个典型的街村式聚落，即聚落的广场本身是街道的同时也是广场。

右上图的住居的布局是一字形排列的，住居在柱础入口处设垭口，似乎与西双版纳的区域性建筑之间产生迥异的特征。

水乡式聚落实际上是另外一种水上“街村”的布局方式，只不过是将一般意义上的陆地广场变成水上广场。右下图片是中国浙江省嘉兴周边的西塘村水乡聚落，与云南的曼浓干聚落形成关联。

07.光、气、孔

从中国人的角度来思考，“气”与“孔”之间是具有相互关联性的一对事物，并且密不可分。宋代科学家沈括在《梦溪笔谈》中曾描述过这样的一段话:“在天文，星辰居四方而中虚，八卦分八方而中虚，不虚不足以妙万物。”“虚者，妙万物之地也。”实际上，“气”与“孔”的关系还构成着中国人的宇宙观念，传说中有所谓“天地生成于子时（午夜十一二点），生之初，没有缝隙，气体跑不出来，物质无法利用。被老鼠一咬，出了缝隙，才使气体能跑出来，物质才能够利用，因老鼠有打开天体之神通，子时就是属鼠了，故而有十二生肖第一个就是老鼠”。在这个传说中有两点很值得我们注意：第一，首先古人以为宇宙世界是一个充满气的世界；第二，这个充满“气”的世界一定要有“孔”，并且“气”能在彼物质中出入往复，物质才能被利用。如此这样的“气”与“孔”之间相互的关联并同时存在的关系，在聚落中的表现无处不在。

上面所谈到的气，似乎还仅仅存在于哲学的范围之中，而实际上在聚落散步的过程中气的存在经常可见，如清晨聚落周边看到的从地面升起的雾气，以及聚落街道中的流动的雾气会让人感到生命的律动。在探访意大利的锡耶纳聚落和圣几米尼阿诺聚落时，每到清晨7点钟前后聚落的街巷中就有如浓烟般的气体从街道中滚滚地通过，之后聚落内部便变得雾气缭绕，同时聚落的整体也顿显神话意境。

中国云南的漫伞聚落是一个在形态上就看得见呼吸的聚落。这是一个由水傣族聚居而形成的聚落，聚落位于距石屏镇约60公里左右的位置，北有高山，前有溪水，聚落如同一个巨大的生命体漂浮在水田的上面。聚落内部住居的基本形制为三合院，整个聚落的主要特点是由院落构成的充满了“孔穴”的形态，并赋予了聚落以生命的形态，每至清晨或傍晚，一缕缕的炊烟从院落中升起，聚落如同一个巨大的生命体与大自然之间进行着交换和呼吸。

由院落形态所造成的“呼吸”的意象从聚落形态的外部就能感到生命的存在感，而对于房间内部的人来说“孔”更能让人们感到喘息和吞吐的可能。广西的瑶族聚落将军村位于广西的大瑶山中，居民为茶山瑶族的莫氏家族。整个聚落采用着封闭的构造，尽管住宅不是采用院落的形式，但是住宅的屋顶上采用了开孔的方式将光和空气引入室内。又由于室内较暗，当一丝光线倾泻而下时，住宅的内部顿感生命

摩洛哥聚落中住居的窗子，是将光线引入室内的装置的本身，也是内部居民向外部进行定位的视角。

律动的存在。这种将光线通过天上的孔洞引入内部的做法，不仅砖石建筑存在，帐篷中也存在。中国青海一带的藏族在夏季游牧时，带着由软质材料制成的帐篷，随着牧游而移居，这种看似简单的房屋内部却同样拥有精彩的光与影的变化。由于帐篷是浅色的，当光线不强时，室内的四壁成为一个发光体，室内充满了漫射的光线。而当阳光强烈时，光线从帐篷上空的缝隙洒入，带来强烈光影的同时也给帐篷的内部带来生气。由于阳光的强烈，帐篷周边的浅色光被压住了而略显灰色，光与影随时间在帐篷内游动，小空间内具有天穹般的魅力，同时也让人感受到光和空气的魅力。值得指出的是，帐篷上部的狭长缝隙不仅是光的来源处，同时也是空气的出入往复之所。

孔与光的并举给空间带来了生机，湖北恩施一带的庆阳商业街，来自街道上空的光线给商业造成了浓郁的氛围。住居采用瓦屋顶，聚落中的居民根据“需求”将部分的瓦拿掉，从而形成一条光与影相互交错演出的街巷。光线根据“需求”来设置，需要时就将屋顶需要透光的瓦拿掉，致使光线从空中的喷洒下来，从而形成了庆阳商业街独有的特征。

在恩施土家族的聚落的建筑中，火塘屋的光的构造同样地也非常有特色，在这一带民居中，火塘是中心，人们习惯在聚居时围火而坐，而在这个火塘屋的小空间中，光的布置是“伦勃朗”式的，周围的室内由于暗色的墙板的存在，更增加了面窗而坐的主人的魅力。对于土家族人来说，光的来源以及光的强弱直接地影响着居住者的情绪。据说对于土家人来说，没有火，大家是坐不住的。当大家一起聚集时，火带来光明，当火焰越旺时，大家彼此说话的声音也就越高。而当火开始慢慢熄灭时，光线变暗，人的说话的声音也逐渐地变小。这是一个非常典型的有趣的光与人的情绪相关的现象。

聚落中住宅的光与影的变化，让人们感到聚落生命的存在感，光赋予建筑以生命，同样地，聚落中的光是构成聚落生命的主题。对土家族的住居而言光的应用是有一定规矩的，火塘屋中的主人的位置必须与光有关，作为主人的长者的位置要有光，即必须面向窗子，而孙子辈分的人则坐在长辈的对面，子辈的人要分坐在两侧。这样光线透过窗子正好投在一家之主的脸上，只有长辈是亮的，两侧的人由于侧面受光，所以半明半暗，而坐在对面窗下的小辈由于是逆光，加上从窗子照射进来的光线很强烈，所以从长辈的位置看过去完全看不清小辈的面孔，小辈分的人则被忽略被“视而不见”。在这里光是被有目的地操纵的，如同舞台的灯光一样，有主有次非常的精彩，同时也更像伦勃朗的人像油画。

光和孔洞是相互关联的，孔洞在生命中的意义是不言而喻的。而在建筑中，孔洞如同生命的气孔一样同样非常重要。中国古代中有所谓无眼之棋谓之死棋也，所谓有眼之棋指的就是围棋中间要设孔、要设空虚的意思。

对于建筑来说，孔是采光的地方，同时也是物体的生命关系与人的精神世界的关系的一个互动场所，因此在中国的聚落中庭院的设置尤为重要。中国古代郑板桥曾经面对一个庭园小空间时写下这样的诗句——“十笏茅斋，一方天井，修竹数竿，石笋数尺，其地无多，其费亦无多也。而风中雨中有声，日中月中有影，诗中酒中有情，闲中闷中有伴，非唯我独爱竹石，即竹石亦爱我也。比千金万金造园亭或游宦四方，终其身不能归享，而吾辈欲游名山大川，又一时不得即往，何如一室小景有情有味，历久弥新乎。对此画，构此境，何难敛之退藏于密，亦复放之可弥合六合也。”实际上建筑当中的庭园院落所形成的虚空之处，已经成为居者的心灵动荡收放与名山大川灵气吐纳的汇聚场所，成为自然精神和大宇宙的生气与节奏的聚集之处。聚落中由于孔所形成的虚空的存在让一个实体产生灵动，如崖居和窑洞内，如果没有孔的存在，房子将无法利用，而“凿户牖以为室”的“户”和“牖”的存在则使房子不再是死的空间。同样的当一户住居中有了院落则会让人从中感受到“气”的律动，并使之成为住宅的活泼的生命之源，其结果便是郑板桥所感受到的：一切万象纷纭的节奏从里面生出来。

建筑中孔洞如同生命的气孔一样展现着其重要性。中国古代中有所谓无眼之棋谓之死棋也，所谓有眼之棋指的就是围棋中间要设孔、设空虚处的意思。上图为古崖居的孔与空间的关系，光使空间产生律动感觉。

福建的圆形土楼“锦江楼”，位于其中间部分的庭院恰如一个圆形的吸光筒，从圆楼的入口向内庭望去，不同时段的光的演出构成了整个居住空间的舞台戏剧性感觉。

湖南土家族的聚落中的窗在另外的意义上又是一幅悬挂在室内的画，一幅可以与世界进行交流和沟通的富有意境的随季节变化的画。与此同时这幅画又是一个发光体，随时间变化带给室内不同级别的光照和亮度。

湖北恩施土家族苗族自治州宣恩县的彭家寨聚落，其中一户民家的火塘屋内精心地安排了一组“伦勃朗”式的自然光的照明布局。

左图是北京延庆县15公里幽静峡谷中的古崖居，东与松山自然保护区相连，西临官厅水库，据称是中国唐朝以后五代时期的少数民族——西奚族聚居的崖居聚落。

古崖居洞室成群，全部在沙砾崖石上人工凿成。有单室、二室或三室不等，上下错落，有石蹬道连通上下，共有117个洞穴。住居建筑是在山体内部雕凿而成的。

古崖居聚落的内部空间不是符合力学原理的拱券式屋顶，而是在山体的内部雕凿出矩形空间和平屋顶顶棚。而且山体内部还雕凿出了一明两暗的标准居住单元以及上下有梯段连接的立体空间单元。

崖居的室内墙面上雕凿出家具矩形空间的理性和人对于空间形态需求的欲望表述在这里得到了充分的体现。而这种矩形空间的对象化是当时聚落创造者的意识空间在三维的现实空间世界里投射的结果。

古崖居面山并沿着不同的标高进行着不同层次的住居雕凿和布局，图片中的作为崖居入口的门洞，其背后是位于两个不同标高的住居。

右侧图片是意大利的古城堡中一个房间的内部，不同的标高和方向上设置了多个开口，以及时发现并抵御外部的侵扰。

湖北恩施地区的庆阳老街是一个繁华的商业街，街道上空的天窗构成繁星般光世界的同时，其布局方式具有“构成”的特征。

云南漫伞聚落的整体呈椭圆形的布局，当中由虚空的院落所形成的“孔”与大自然之间进行着吐纳与交融。

在室内大量采用红色挂饰，可以让室内产生温暖红火的感觉。云南城子村中孟小钱家，住居的厅堂入口安排在入院门后攀升的几段台阶上面。傍晚，聚落周围刮来的山风令人感到些许的阴冷。但当透过院门看到从室内透出的温暖的光，一种“到家了”的情怀油然而生。在这里，室内大红色彩运用的真谛是为了与外部的寒冷获得有机调和。

孔洞的存在可以使两个不同界面之间产生交流，云南城子村孟小钱的住居与其邻居的住居是连在一起的。令人惊讶的是，梦小钱家的厨房与邻居家的厨房之间存在有一个互通相连的孔洞。两家虽然并不存在亲属关系，但这个小孔洞成为邻里之间相互协助的见证。两家人在其中一方需要帮助时，可以通过这个孔洞相互借用酱醋油盐，困难时也可以通过这个孔洞互相之间接济食物。

西安太平岭窑洞聚落的室内如同是理解老子所谓“凿户牖以为室”的教具模型。

江苏省乌镇的住居中窗子与左图窑洞中窗子的布局和开孔方式颇为近似。

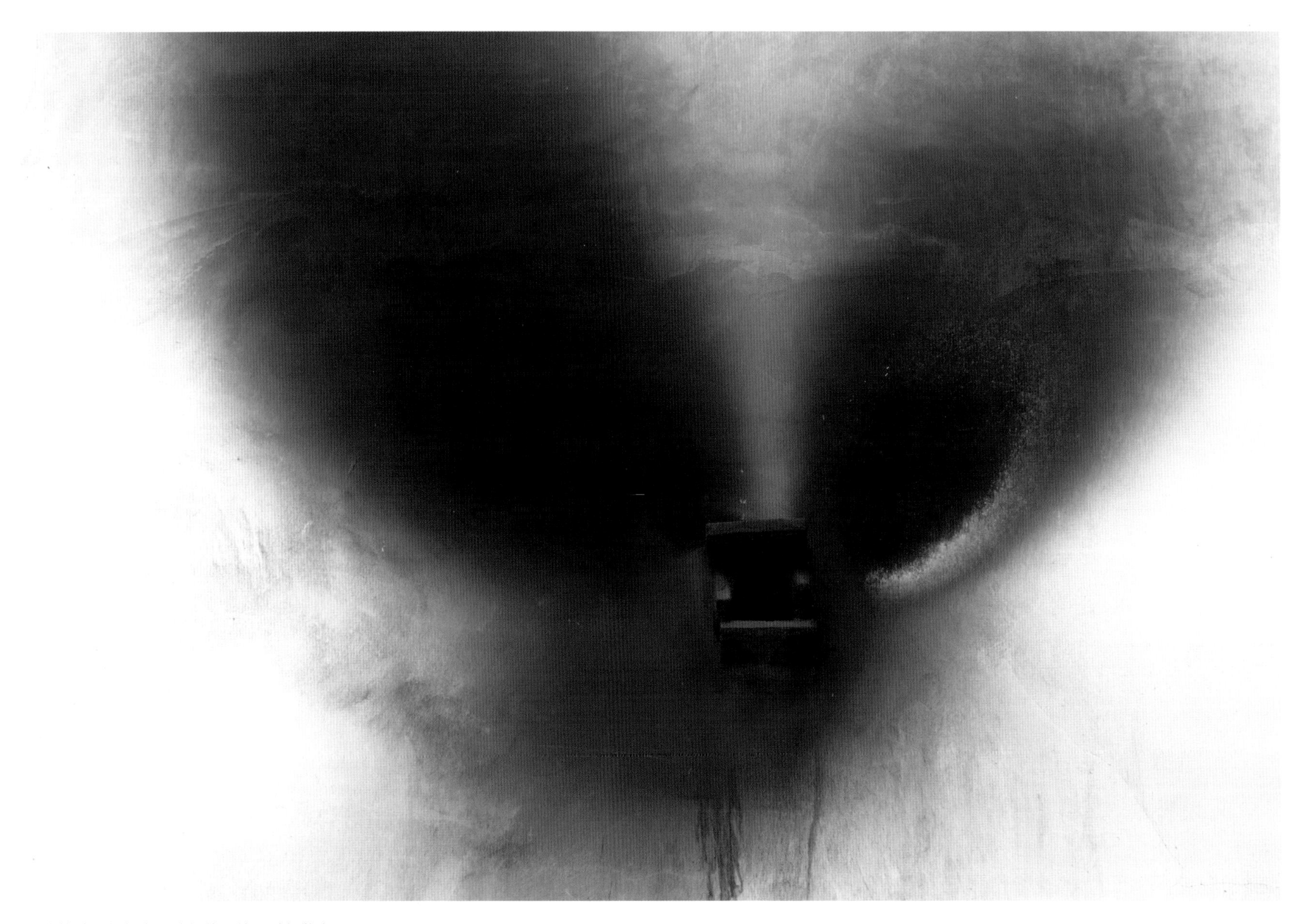

吐故的过程往往也是纳新的开始，看似苍白的墙面往往是最好的图底。距云南石屏县西南方26公里处的湾冲聚落，住居侧墙上的排烟孔是别有匠心的，从烟囱排放出的烟在白色的墙壁上自然地绘制出一幅吉祥图案。

云南漫伞聚落中许建兵住居二层祖堂正南面的窗，是一个如同荷兰风格派画家蒙特里安绘画作品的窗格子，由部分合成整体类似细胞构成与组合关系的窗格子的构成方式，透露着该聚落空间构成与组合原理的信息。

左侧图片为云南翁丁村居民杨赛春的住居，住居的整体颇具未来感，丰腴厚美的草屋顶以及轻巧并略带俏皮的天窗挑檐，令外人急欲透过隐藏在其下部作为窗子而存在的孔洞，窥视其室内的空间场景。

居民杨赛春家的住居室内是暗的，从天窗透进来的光线是漫射和柔和的，实际上杨家的室内还存在由屋檐下部与侧墙间的缝隙所形成的条形采光带。这个光带本身使得厚重的屋顶产生一种漂浮和轻巧的感觉。作为室内光来源的还有位于居室中心的火塘，对佤族而言，自搬入新房生起火后，火塘的火种就不得熄灭。因为火塘之火是整个家庭兴旺与否的象征。火不用时，用火灰将其埋起，用时再将其刨出，吹一吹使火重新燃起。

从青海湖附近一户藏族居民居住的帐篷上空所倾洒下的光带如同日晷的指针，让小空间中感觉到宇宙的变化。

右侧图片是广西大瑶山深处的将军村住宅的室内。尽管建筑并非帐篷，但是用光的方式同样是线性的。

08.色彩、装饰、摆饰

色彩是与建筑空间无关、只与表皮有关的要素，表皮的变化会影响空间的性格。在聚落中，大量自发建造的住居选取了当地的材料，与环境之间在色彩上往往取得的是和谐的关系，在这类聚落中色彩往往放在重要的位置上，如摩洛哥聚落中清真寺的屋顶往往涂成白色，中国甘南藏族自治州的高走村前的小塔也是涂成白色以取得醒目的效果。不过也有在聚落中使用大量色彩的实例，典型的当属希腊圣托里尼岛上的里尔聚落，尽管这个聚落中的色彩用得较多，但却没有丝毫的杂乱之感。涂以蓝色屋顶的大圣堂，米黄色和粉红色墙壁的住宅，彼此既突出了个性同时又显得斑斓统一。

里尔居民在用色方面的大胆还表现在积极地运用补色上。由于涂抹颜色时合理地考虑到补色间的位置和彼此面积分布的大小，所以色彩之间并无相互夺目之势，而是彼此显得相得益彰、相映生辉。同时居民们在喷涂色彩时十分注意把握色块和建筑形体之间的关系，在聚落中有些烟囱的色彩被涂抹得非常大胆。如有的建筑的墙面被涂抹为黄色，烟囱的盖帽涂为紫色，在这里墙面与烟囱的盖帽之间采用的是一个补色的关系。其次，烟囱盖帽的造型非常巧妙，是一个十字拱的几何形，且居民在涂抹时又只将这个形体涂抹成紫色，由此，一方面不仅更加地突出了整个建筑黄色的耀眼，同时又由于墙面黄色的反衬而强调了烟囱盖帽本身在雕塑形态意义上的存在。

装饰和摆饰的问题，实际上是需要我们在建筑设计当中必须思考的概念和问题。摆设是不同于装饰的另外一种小情趣的表述，这种表述与装饰的概念是不同的。所谓装饰指的是在墙上绘制，或者是在墙上雕制出图案。而摆饰的概念是在适当的地方摆放一个物件，比如摆一个罐子或物体。因此所谓“摆饰”的概念与“装饰”的概念是两种完全不同的情感表述方式，是有本质区别的。其中装饰因为是“雕”或“画”在建筑上的，与建筑是一体的，有的甚至成为建筑中的部件；而摆饰则是临时性的，是随心情不同可以更换的。同时装饰是平面的（当然有时做浮雕状或雕或画在形体的表面），而摆设是立体的，是对象物性的。

在希腊的聚落中摆饰的概念是重要的。由于这里的建筑强调着一种纯粹性，从而看不到繁复的装饰和花边图案。表达愉悦情感的装饰问题是在另外的意义和层次

在希腊里尔聚落中色彩的运用是丰富的，大胆地使用补色强调形体的彼此完整性是整个聚落中所显示出的另一特征。

之上来加以处理和协调的。居民们以“摆饰”代替“装饰”，以摆放的概念来代替装饰的手法。我们在村里看到很多地方摆放着罐子以及卵石等造型单纯朴实的物体，满足着人们在视觉层次上的愉悦的需求。我们在这里看到一个住宅的入口摆饰着注着褐色油的普通瓶子，瓶子摆放在楼梯的踏步上，获得与周围环境的协调感，褐色和蓝色的对比关系，使得一个极普通的场景获得诗情。在这里，期待装饰的情感完全是通过在建筑之外进行摆放其他造型物体来完成的，而这一点又与装饰的概念有着本质上的区别。比起装饰物，这瓶子“漂亮”吗？“好看”吗？回答可能是否定的，但它使人感觉到了“美”。这个摆饰能使人感到摆放者在对普通之物进行选择时的眼光，也使人感到了选择者的智慧。因为摆放者是在普通之中发现并选择了美，他在向瓶中注入油的同时注入的也是他自己的智慧和情感。

世界上并不是只有贵重的东西才是高贵的，也不是经过奢华的装饰图案的繁琐配置才是美，运用便宜的材料、单纯的造型同样可以创造出美和富有诗意的景致。美的创造实际上依靠的是创造者的眼光，尤其是创造者的心智，更依靠的是创造者发自于心灵深处的对于现实世界的发现和选择。装饰的手法往往在堂皇的英雄建筑史中拥有地位，因为装饰的结果华丽而夺人耳目。然而聚落中的另外一种装饰的表达并非出于炫耀的目的，而是希望减少材料之间的冲突。前面所提到的中国四川桃坪村中主要的建筑材料采用碎小的石块，只是在街道上空的过街楼采用木材作为梁。本来这个聚落大量石材的使用使得很少有装饰的存在，但在街道上空的过街楼有少量的雕饰，仔细地观察，发现这里的装饰非常的克制和理性，没有“龙飞凤舞”，目的只是试图削弱横向木梁的光滑造型与周边墙面的碎石之间的对比，于是聚落的建造者在木梁上的雕饰所采用的装饰图案与周边石材的体块的尺度是相互协调的，同时花纹本身又是有节制的使装饰的大小与石头的大小相一致，从而不感到空间上的突兀，装饰在这个层次上发挥着积极的作用。

实际上在建筑中取得丰富效果的做法还有更加便易而且现代的表现。在中国的很多聚落中运用废旧报纸装饰室内的做法很常见。新闻纸本身的文字和图片以及带有随意性的拼贴，形成一个丰富室内表皮的同时更有让人产生人人都是艺术家的感触。一个房间容纳着记忆，报纸、画报拼贴的装饰墙面释放着年轮般的信息。

希腊里尔聚落中，一个住宅的入口摆饰着注着褐色油的普通瓶子。瓶子摆放在楼梯的踏步上，获得与周围环境的协调感。褐色和蓝色的对比关系，使得一个极普通的场景获得诗情。在这里，期待装饰的情感完全是通过在建筑之外摆放其他造型物体来完成的。

希腊里尔聚落中几何学的应用表现在住居中任何一个细节上。如右图中烟囱的建造处理采用了一个柱体和在其上附加一个贯体来完成的，这种处理使贯体的本身成为柱体上的摆放物。同时将两个几何形体相互处理成补色关系更强调了基台与贯体间的摆放关系。

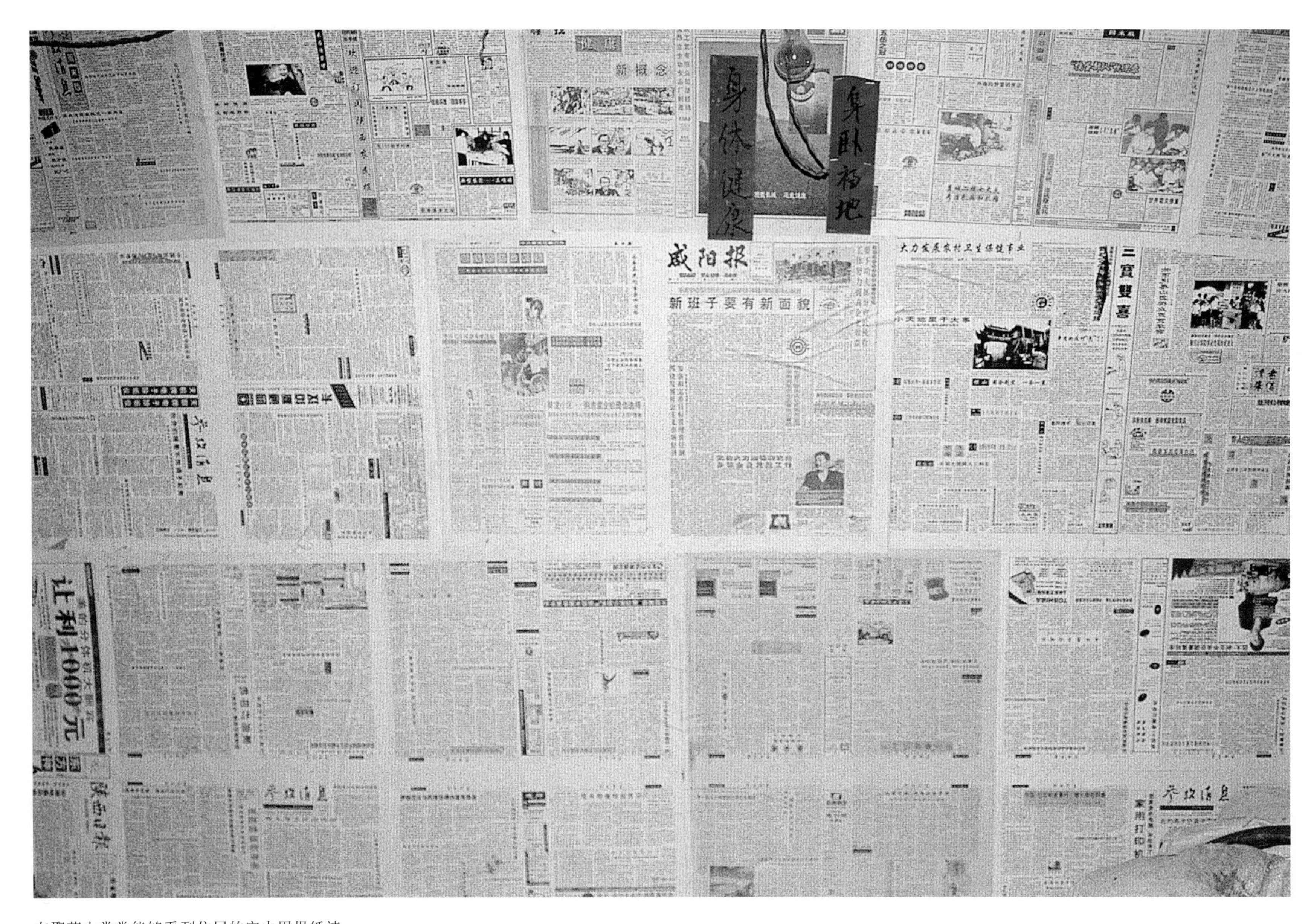

在聚落中常常能够看到住居的室内用报纸裱糊墙体表面的做法，不论原墙体是石材、砖砌还是木材。上图是太平岭聚落中吴家窑洞居室内部的墙面。

上图为中国青海日月村住居中的一个堂屋的正面墙壁，居民用废旧报纸对墙面进行裱糊，形成具有拼贴意味“装饰”的同时，也留下了历史和时代的痕迹。

湖南省湘西苗族住居的室内，建筑虽由木作，却因烟火的熏染及时光历程而使木墙体变得黑暗，也正因如此，当光从窗口射入时带给室内的是一种富有魅力的舞台效果。

摩洛哥的聚落阿本泽尔（Amezer），围墙包裹着宗教建筑，由于宗教建筑的色彩与周围建筑产生着强烈的反差，从而使建筑本身成为聚落中的视觉中心。

从马拉喀什通往(Taroudant)路边的住居，前面用白色的涂料在建筑的关键部位进行泼洒式喷涂，展现着聚落居民的激情。

接近撒哈拉沙漠的聚落住居，黄土夯实的墙面被用白色泼洒成一幅如同布拉克点彩派绘画般的抽象画。

09.地形

对于聚落而言，基地的地形构造为聚落的未来形态提供着可能性，一个族群在他们确定聚落修建地的时候，在何处建宅，选择怎样的地形环境生存，实际上是居住者头脑中的空间概念的一个投射结果。人们在建造聚落的过程中，居住者头脑中的空间概念实际上经过两次投射发挥着作用，第一次是对于地形的选择，而另一次则是在住居建造过程中。从这两个层面上来理解，聚落中的地形的选择同样是聚落的居住者和建造者的空间概念所投射的结果。

意大利南部的小镇阿西基（Assisi）选址建在山地上，并在基地的内部伴随有高低起伏的地形和地貌特征，阿西基就是在这样的地形上巧妙地进行了布局，并在布局时特别地考虑了教堂的安放地，让自然形成的等高线的坡道成为通向教堂的甬道，斜坡的坡道成为教堂参拜者酝酿情绪的前奏。

地形的特征为聚落的形成提供着富有个性的可能性，西班牙安塔路西亚地区的库埃巴斯村落是一个巧妙利用地形的实例。聚落位于格拉纳达东北方向大约57km处的一个叫瓜迪克斯的小镇附近，由于住宅是以挖洞成穴而形成的，因此站在聚落之中感受不到住居的存在，只有根据露在丘陵地上的换气塔和烟筒的密集程度，才可推知这里居住区规模的庞大。实际上在这片丘陵的下面，拥有并隐藏着一个巨大的“地下城市”，据称这里约有穴居式住宅2000多户，生活在这里的居民自古以来以农牧业为主，相对于其他地方，经济生活不很发达。从自然环境上看，这里的土质较软，易于掏挖，而且该土质在遇到空气后其中的石灰成分就会变硬，因此在掏挖时可根据需要做出各种形式的屋顶和墙壁，待完成后放置一段时间，土质就变得硬化，硬化后其土质的坚固和密实程度据说足以阻挡雨水的渗透。从当地的气温条件上看，这里的夏天平均温度多在20℃左右，而冬天的平均温度则多在5℃左右。当我们走在聚落的丘陵上时眼前呈现的是由片片弧形白墙和点点造型各异的白塔所组成的壮观场面，地中海强烈的阳光照射着白色的建构物与土红色的大地，与其说这里是一个普通的村落，不如说是一个地地道道的大地艺术。

在这个聚落中我们探访了一户由一对年轻夫妇和三个孩子所组成的5口之家。整个住宅是由大约3m×4m左右的几个空间单元所组成。进入住宅后的第一个房间，是起居室兼厨房，此间的一侧是库房，沿入口方向从此间往里是夫妇的寝室，再往

四川省汶川县的桃坪村，聚落布局依就山势形成了森严的气势，聚落中的羌碉成为聚落力量性的表征。

里是孩子们的房间。或许是由于通风塔的作用，住宅的内部并没有潮湿的感觉。

从整个村落的空间构造上看，这里没有一般意义上的广场概念，道路经常就是在住宅的屋顶丘陵上通过的。村落的住宅屋顶空间既是村落的通路也是公共的广场。我们在这里看到，住宅的屋顶是儿童游戏场的同时，又是家庭晾晒衣服的场所，还是住宅的厕所空间的所在地。

从丘陵上远望聚落的整体，作为点而存在的白色换气塔，作为线和面而存在的弧形白墙，所有一切构成了一幅巨大而抽象的风景。而这一由点、线、面相互作用而产生的在客观上的抽象性，群组结合而产生的在规模上的巨大性，是这个风景的魅力所在。

地处西班牙南部地区的村落卡萨莱斯是另外一个巧妙地进行聚落布局的聚落。这个位于地中海岸线以北 14 公里处，约有居民 3600 人的聚落，据称其历史的起源可以追溯到古罗马时期，是目前安塔路西亚地区保存得较好、特色较浓的著名村落之一。聚落根据地形的变化建于山丘地带，立于由两座山所形成的山脊之间。村中心也就是两个山脊交界的最低矮处有一个中心广场，由此放射出几条沿着山的等高线向四方伸展的村落道路。道路的两侧排列着白色的墙面、橙黄色瓦屋顶的住宅建筑。由于建筑存在着明确的几何关系，远远望去，强烈的光与影的对比，刺眼的白墙使村落犹如高山上的积雪，耀眼发光。

由于地形的复杂，村落街路的空间变化也十分丰富。住宅与住宅之间的墙壁大多连在一起，表面看去，难以分清每户住宅所占有的范围。这里住宅的墙厚一般在 60 公里左右，以土石和砖瓦材料砌成。屋架多以 25 公里左右见方的木材构成。一般住宅面积的大小大约在 $50m^2$ 左右。

我们注意到，村落整体的空间安排还有一个特点，即在村落中存在有两个教堂。一个建在村后的山丘顶部，另一个则立于广场的周围。像这样的聚落构造，在西班牙其他的聚落中也有所发现。比如离格拉纳达 38 公里处的蒙提弗里奥聚落，其空间布局与卡萨莱斯村落几乎完全相似，不仅表现在聚落中两个教堂所处的位置的相同，而且两个村落在选择地形上采用的也完全是类似的准则，这个准则就是将聚落建立于两座山所形成的山脊之间，而且二者均在入口处的中心广场和山顶部的制高点处设置教堂。

如此，居民们在选择聚落所处地理环境时表现出的那种对于某种地形抱有的偏执现象，表明了在他们彼此之间的头脑里有着某种相似或相同的空间概念存在的事实。就是说，居民们在聚落空间构造的安排上表现出的相似性以及他们在地形空间选择上所表现出的共同偏执性，乃是由于居民们头脑中所具有的相似或相同的空间概念的流出及其概念形象化表达所展示出的结果。

此外，运用地形并借助地形的特征进行建造的实例可以列举北京的双石头村聚落。该聚落位于北京门头沟区，传说中二郎神君肩挑两块巨石走到这里，并在南北各放一块巨石作为聚落的起始点，整个聚落便围绕这两块巨石而展开。有趣的是在村口的巨大的石头上，居住者们巧妙地在上面建造了一个庙宇。尽管庙宇建筑很少，但由于建在巨石上，显得格外高耸。由于巨石本身摆放的特点，显示出随时可以移动的态势。建筑与巨石一方面形成了村入口醒目的标志物，另一方面建筑与巨石一起如同即将出海的方舟显示着建造者的智慧。

湖南省的骆驼山苗族聚落，选址在两座山的交界处，巧妙地利用地形的夹缝而求得生存，聚落邻近河边的石桥造型轻巧，表现出当地居民超高的造桥技艺。

摩洛哥的乌木斯那多（Oumesnat）聚落，是一个新旧聚落共存并表现出新陈代谢意义的聚落。每栋住居如同从岩石中生长出来，犹如张开的利口的牙齿。

西班牙的蒙提弗里奥小镇，建筑依山体的等高线形成线性舒展的布局。高山上的教堂控制并君临下面的聚落整体。

湖南腾梁山一带的新湾聚落，住居沿等高线布局的方式与西班牙的蒙特弗里奥聚落互为映照，显示出彼此相似的智慧表现。

西班牙聚落库埃巴斯（意为“穴居住宅”）位于瓜迪克斯小镇的周边。住居埋在丘陵之下，只有丘陵上的换气塔标志着地下住居的存在，因为换气塔下正是住居的起居室。

库埃巴斯聚落中的住居也有一些是沿着土丘的侧向进行挖掘而成，颇似中国陕北的横穴式窑洞。库埃巴斯聚落中住居的入口用白色粉刷，在自然中加入了人工的表皮。

库埃巴斯聚落依照丘陵地形的起伏布置住居，从丘陵上远望聚落的整体，作为点而存在的白色换气塔，作为线和面而存在的弧形白墙，所有一切构成了一个巨大而抽象的风景。而这一由点、线、面相互作用而产生的在客观上的抽象性，群组结合而产生的在规模上的巨大性，是这个风景的魅力所在。

从库埃巴斯整个聚落的空间构造上看，这里没有一般意义上的广场概念，道路经常就是在住宅的屋顶丘陵上通过的。村落的住宅屋顶空间既是村落的通路，也是公共的广场。我们在这里看到，住宅的屋顶是儿童游戏场的同时，又是家庭晾晒衣服的场所，还是住宅的厕所空间的所在地。

傍晚时分的圣托里尼岛聚落充满着诗情画意。

聚落中跌落式住居布局使聚落丰厚和富有层次。

里尔聚落住居的屋顶是以拱形为主，并且以蓝色作为一种主要的色调出现在聚落当中，与蓝色的地中海在高低不同层面上形成呼应。错落有致的体块、丰富的色彩，构成了这里的主要特色。

里尔聚落的建筑形式是一种传统的典型基克拉泽斯式建筑，这种建筑的主要特点是住居本身多为一半插在崖里的横穴式窑洞住居。这些窑洞式住居建筑大约可分两种形式，一种是拱顶式，另一种是屋顶平台式。

里尔聚落中的居民以摆饰的概念来代替装饰的手法。如在聚落中很多地方摆放着罐子和卵石等造型上单纯朴实的物体，满足着人们在视觉层次上的愉悦。“摆饰”是一种设计概念和手法，它的运用及所产生的效果值得我们在设计中参考。

里尔聚落建筑多以窑洞为主，且多在断崖上挖洞建屋。由于断崖比斐拉陡峭，小路自然显得比斐拉曲折，所以道路多在等高线上下贯穿，由于道路两侧的护栏采用实墙，从而形成了一个如同中国书法中草书笔画般的自由的变化。

里尔聚落建筑的尺度虽比斐拉小，生活气息却显得比斐拉浓厚。据说以前只有那些地位高的人才能建屋顶平台式的建筑，眼前聚落这种连续的屋顶和自由曲线的变化不禁令人联想到西班牙建筑师高迪的设计作品。

里尔聚落的教堂为希腊正教堂，在斐拉的希腊正教堂其屋顶多为白色，而这里的希腊正教堂的屋顶却大多为蓝青色的半球形屋顶。尽管这里的色彩用得比斐拉多，但其整体气氛却比斐拉来得静谧。

在北京西郊门头沟区域一个叫双石头村的聚落的入口，一块巨石上修建了一所小庙，这种借地形而获得大尺度建筑的做法不仅有“因借”的智慧，更有方舟即将起航的意境。

山西省南部的平陆县，接近河南的三门峡市的一个叫槐下村的窑洞聚落，地上与地下的两个不同层面的空间变换着，并形成着公共与私密两种不同性质的广场。

在山西省接近河南三门峡市南部的平陆县，有一个叫槐下村的下沉式窑洞聚落。聚落总体约有12户居民，每户住居是由一个下沉于地下的方形庭院及在方形庭院周边墙壁进行侧向挖掘的横穴所构成。上图为通向地下的窑洞入口的坡道。

上图的窑洞是曾经到槐下村插队落户、从北京来的知识青年们自己挖造的下沉式窑洞，同时这个窑洞也是聚落中最大的窑洞。在该窑洞的四壁屋檐处有一圈用砖砌筑的装饰，这在当地的聚落中通常看不到，而只有在北京的四合院建筑中才能够找到的做法。

三江镇的旱岗村聚落是一个位于湖南湘西的苗族聚落，选址位于两座山的结合部位。聚落中的住居采用石材和土坯结合的砌筑方式。聚落整体形成了一个背靠山而面抱水田的布局特征。

聚落中的水井经常位于聚落的中心位置，这是因为聚落中的居民在进行其住居的布局时无意识地进行了路径最短的安排。同时，由于居民们在汲水和洗衣时在井边彼此相遇，而使周边成为居民们进行交流的广场。

西班牙南部的卡萨莱斯聚落，位于一个两山相交合的部位，聚落的中心广场位于聚落所在地形位置的最低处，聚落中的住居沿着等高线进行布局。聚落在广场边和制高点分别设置有教堂是聚落的布局特征。

由于地形的复杂，卡萨莱斯聚落中街路空间变化也十分丰富。住宅与住宅之间的墙壁大多连在一起，表面看去，难以分清每户住宅所占有的范围。这里住宅的墙厚一般在60厘米左右，以土石和砖瓦材料砌成。

10.封闭的构造

封闭的构造是一个范围及所属的概念，它涉及领域、界面、表皮这三个层面的问题。这里我们所说的封闭的概念指的并不是一个实体的概念，而是一个围合的概念，而在这个围合的概念当中界面所围合的那部分领域是非实体的空间，是由实物围合出的虚的部分。虽然这个虚的部分是看不见的，但却可以供我们在其中穿越和游走，同时这部分虚空依靠周围的界面得以显现的同时，也因其表现特征显现虚空部分的性格。由于界面的存在，所围合的领域自然也就存在有内与外之概念的分别。

聚落是一个由个体组合所形成一个整体的形态。当我们说聚落是一个封闭的构造时，实际上有两种概念。一是聚落本身的形态是封闭的，如聚落有一个围合的表皮——城墙。这是视觉的，但实际上聚落同时在居民的心中还有另外一个看不见的领域，即聚落居民在心理上所支配的范围。这种心理的支配范围又是整体聚落居民在支配各自住居所属的领域的同时客观上形成的。从表面上看这个领域是以看不见的一道界面作为界线的，但是作为外来人，一旦踏入聚落的领域，尽管有时自己感觉不到，但事实上你的举动已经在聚落居民的监视之下了。聚落的领域无论客观地是否有一条看得见的分界线，但一定有一个出口和一个入口，如前面所谈到的北京的双石头聚落在入口和出口处的两块石头，以及云南爱尼族聚落中作为入口的秋千和作为出口的鬼门等都是一种领域范围的暗示。

聚落中的这种封闭的领域关系不仅表现在聚落的形成，如聚落与外界之间因交通和信息交流的不畅从而形成共同幻想，而共同幻想本身实际上就是一种领域的构造。

领域的范围有时还存在有相对性，当我们进入到聚落的内部之后经常会发现聚落内部领域的内与外的界面和表皮同样地在发生性质上的互换与转换。比如从远处看聚落，其本身是一个领域，但是当我们走进聚落之后，我们会发现聚落的领域的内部表皮却是住居的外表皮所构成的，而住居的外表皮的存在又让人感到尽管身处聚落的内部但瞬间却有转换成外部，而当我们走进住居之后发现室内的墙面又是外部的表皮。在聚落中的行走从这点上看又是经历了这样一系列的从外到内的逻辑在一定状态下的反转的过程，而这，事实上又形成了一个拓扑学意义上的构造关系。

在摩洛哥处处可见的城堡建筑是一个封闭的构造的同时，其整体也构成着一个具有现代意义的综合体设施。

库萨鲁的入口设计有接待外面到来的客人的空间，由于聚落的空间内部有轻易不向外人展示的迷路构造，往往外来的人是不容许进入到聚落内部的，于是城门两侧的部分往往放置可以供人小憩的场所，这里也是整个聚落的公共接待室。

而这种拓扑学上的构造关系的形成源于一个重要的要素，就是“门”。门是一个领域的象征，而且由于门的存在和门的暗示会让人在对领域进行感受和感知封闭构造的关系时造成“内”与“外”的逻辑发生转变。比如当外墙是表皮时，一旦走进室内，室内的墙面又是外领域的表皮。所以在聚落体验中常常会讲有多少个门就有多少个世界。

在传统的聚落中我们经常会发现对于上述这种封闭的构造在理解上的不同的表现。比如希腊的米科诺斯岛上的住居，居民们表现出很强烈地将室内的领域和室外的领域同质化的倾向。也就是说将室内、室外一样的对待，有的甚至将外部的领域纳入到住宅的内部领域范围内以模糊着两个领域的关系。如这里的人们将外部作为起居室，将室外的公共空间直接纳入室内，室内室外呈现出互为反转的关系。

与这种模糊的领域概念不同，中国福建的土楼表现出的却是内外分明的构造。一般土楼只有一个口，它既是入口同时也是出口，而土楼的内部却又出现街道和住居的内外之分。位于中国福建省的土楼西爽楼，是一种既方既圆的一种封闭的领域构造，这个聚落不同于其他土楼的另一个特点，就是其他土楼的构造特征基本上都是采用以四角设立公共楼梯并以外廊的方式连接土楼的每层住居的功能的，尽管土楼的构造都是每户沿竖向进行的分户切分，但是西爽楼的特征却是在住居的内部进行楼梯的安放，住居内部各层呈现层层退台的形状，每户的住居在入口处存在有一个封闭的院落是这个土楼的布局特征。此外，整个土楼的入口前又有一个巨大的水塘，由于土楼的整体将角部进行了抹圆的处理，土楼的整体显得轻巧，加上水塘的存在，土楼本身产生一种失重的状态，整体如同一个巨大的飞船，颇具未来感觉。

同样的，位于中国青海的土族聚落尽管其聚落本身的封闭构造没有明确地表述，但是他们的每户住居却是一个个小的聚落的存在。在建造住居时他们首先在大地上建起 18 米 ×18 米大小左右的封闭领域，然后在这个封闭的领域内再营造田地和房屋，同时在这个领域的外面马上又有田地。尽管与这个土族聚落处于同一地区的日月山聚落同样地也有类似的 20 米 ×20 米左右的封闭构造（由夯土墙来完成），但是日月山的聚落中仍然有街道的概念，有外部与内部的反转关系。表面上看这两个聚落非常相似，但从领域的状态上来看，二者是大相径庭的。尽管二者在同一地域，拥有同样的自然环境，但是二者对于封闭的构造在理解上的差异，反映出了两个聚落中的居民所拥有的不同的对于领域闭合关系的理解。

聚落中由于有了领域的内外之别，于是表皮便出现了。表皮是领域的表情。装饰、色彩、材料构成领域的性格特征的同时，聚落中居民的情怀也从表皮上得以彰显，如中国西北聚落的黄土墙、江南的木工艺、山西窑洞中用新闻纸糊裱的墙面等（装饰性与材料性两立的特征）。聚落中的居民的智慧也从这些表情中显现出来。

典型的封闭构造是意大利的南部港口城市巴利的旧城区。巴利实际上有两个城区，一个是代表南意大利的第一商业工业城市地位的新城，另一个便是北侧的旧市街。新城是由拿破仑时代进行改造和规划的城市，呈现出棋盘式的街道布局。而旧城是一个迷路型的小城区。巴利的旧城平面形状呈现为卵形，明显的封闭构造关系表现出内部与外部世界所形成的强烈对比。从这个区域的表面上看，面向新城的部分是一个由建筑的沿街立面组成的表皮，但在这建筑与建筑的缝隙间却可以看到“内部”的场景，如同一个开裂的石榴。从沿街的缝隙中有时我们能够看到中心区的卡特多拉莱（Cattedrale）教堂，有时可以看到内部纵深的街巷。由于观察者和聚落之间的这种内与外的关系，聚落本身的客体性增加着戏剧感。而这种从缝隙中变换领域角色的做法给人以想象的余地。

福建的土楼中集合性是其一个主要的特征，这种集合性与今日的集合住宅非常近似，所不同的是，聚落中在每户的面积划分上是强调均好性的，即每户的切分是按照竖向进行的，一层是厨房，二层是库房，三层则放置住居。

山西的山岭村聚落是一个驻守烽火台的聚落，四排连续排列的布局虽然没有封闭的墙体围合，但却形成一种威仪的排列。或许这是在残酷的大自然之中支配领域的对于聚落布局的最佳排列和选择。

福建省霞寨镇西安村的西爽楼聚落拥有明确的封闭构造。西爽楼长约97米，楼高15米，内部建筑为4层。全楼有房屋约78间，整个土楼如一座巨大的飞船，呈现出通往未来的意向。

海拔4900米高原上的位于西藏地区的聚落，其整体聚在一团，表征相互依存的聚居志向，也标志着聚落中的居民团结一起构成一个封闭构造的意向，排斥着所有可能干预其领域的力量。

位于云南省泸西县的城子村聚落，曾是一个彝族先民聚居的聚落。这里的每一个住居，采用由房屋围合小天井的闭合结构，每一个这样的住居，由于彼此相连，共同形成了一个十米甚至上百米的住居集合体。

左图为中国云南省孟连傣族拉祜族自治县的佤族聚落回库老寨，聚落靠近缅甸边境并位于山中腹地，聚落中的住居一般用竹子和木材搭建，一层架空作为牲畜的养殖场所，二层为住居房间。

住宅的入口处往往伴随有一个无屋顶的露台，紧接在入口的一旁，同时在入口前区设置一个大的屋檐而构成一个可供家族支配的暧昧的空间区域，也造成了住居边界的放大和模糊，见上图。

佤族住居采用的是干阑式建造形式，巨大的草屋顶从地面悬浮而起，轻巧而又富于动感和生气。草屋顶的下方形成了一个完整的空间领域，与屋檐相对应的地面领域边缘的处理，采用一个略微隆起的小的土台和沿缘自然生长的植物来共同作为住居的界域线。

尽管常说所谓建筑就是要制造边界，但佤族住居中入口处的边界处理却是开放的。巨大茅草顶下的高大空间，是一个走入拥有明确空间边界——室内的过渡性场所。住居周围虚的横向的空间领域被统合在拥有强烈向上性格的拱形空间下，空间性格是暧昧的。

风景之造就于人类，带来的是人类的风景的心像化，但建筑的风景绝不是如描绘现实绘画中的风景那样轻松，建筑师不是要描绘现实的风景，这就是为什么聚落的风景总是与现实的风景之间发生着对立和不同一样（上图为摩洛哥的聚落）。

摩洛哥聚落的风景与现实之间产生着某种对立，而这种对立是因为聚落的风景是按照聚落建造者心中的风景而建造的。聚落的调查者进行聚落调查的过程实际上是对建造者的心像风景进行捕捉的过程，是重新发现聚落建造者的心像风景的过程。

聚落的布局是一个封闭的领域，而有时大自然已经天然地形成了一个个封闭的领域，在沙漠和水资源缺乏的山区，绿洲所形成的封闭领域中存在有更多的小的封闭的聚落。上图为摩洛哥马拉喀什南部60公里处的伊姆里鲁（Imlil）谷地中的绿洲。

云南的漫伞聚落距石屏约10公里，其整体如同漂浮在水田中的巨大飞碟。聚落的东边有路，而西边淌来溪流，展现着“风水”教科书般的意向和特征。聚落住居的整体布局为集中式，住居本身多采用三合院的布局方式，住居建筑材料多采用土坯建造。

摩洛哥聚落的紧凑性和叠加的色彩犹如现代城市中的综合体设施。

摩洛哥的聚落不少是由其内部的住居彼此相连接为一体而形成的一个巨大的聚落体块。聚落的外墙往往是简洁的，但是在聚落的入口往往进行一个较为细致的处理。而这种做法与中国青海一带的日月村聚落的住居处理很相似，极似后现代主义建筑中常见的采用符号来表征文化的设计手法。

第三篇　聚落散步中的思考

作为调查者和设计师双重身份的散步

散步是一个非常随意的行为，漫不经心但却略有所思。散步的心情是放松的，却往往会伴随些许的思考。而这些流露与散步者的身份是密切关联的。从我个人的角度来思考，我在聚落中的散步与思考事实上是作为调查者的同时又作为一个建筑师来进行的，时常将自己置换为聚落的建造者。整理一下这种看似矛盾的二者集于一身的状态，发现集设计师和调查者双重身份于一身的身体在对聚落进行调查的过程实际上是对于聚落空间进行转换和读解的过程。作为聚落的建造者来说，聚落形态的完成过程实际上是聚落的建造者即居住者将其头脑中的对象物投射到现实世界的过程，而建筑师就如同这些聚落的建造者一样，其设计过程同样是将其头脑中的世界投射到现实世界的过程。

聚落的风景有时会受其所处自然风景环境的影响。地中海风景中呈现出来的海天一色，投射到视网膜上呈现出上、中、下三种不同的色块（上部为蓝色的天空，中部为碧蓝的大海，下部为近处的沙滩），从而构成了一幅抽象的风景，而这种色块风景又很容易地与地中海一带国家的国旗所大量使用的几何抽象图案发生联系。同样的，在中国四川进行聚落散步的过程中，当在翻越并行走于马尔康到汶川之间的雪山的过程中，一场大雪将周围的山色披上一层银装，而此时眼前所呈现的风景打破了我以前对于中国画中所谓的“写意”的理解,因为我眼前的风景恰恰是写意的，而这种“写意”事实上又是非常现实和写实的,是一个写实的“写意风景”。换言之，这里的现实的风景对于从来没有见过这种风景的人而言是写意的，站在“写意”的现实的风景前，这种写意风景的本身就是“写实”，这就如同地中海的抽象的风景本身实际上对于其他地域的观者而言是抽象的一样，现实中的抽象风景实际上是因为那个风景是抽象的现实的风景。

风景之造就于人类，带来的是人类的风景的心像化，但建筑的风景绝不是像现实或者作为描绘现实的绘画中的风景那样仅仅作为对象摹写来得轻松，建筑师与画家的不同之处在于建筑师不是要描绘现实的风景，这就如同在聚落的风景中会发现聚落的风景总是与现实的风景之间发生着对立和不同一样。

实际上，聚落的风景与现实之间一直存在着对立。这种对立是因为聚落的风景不是现实的风景，而是按照聚落建造者心中的风景而造成的。在这个层次上，作为一个聚落的调查者在进行聚落调查的过程中实际上是重新发现聚落建造者的心像风景的过程，是对于建造者的心像风景进行捕捉的过程。由于心像风景的获得会因捕捉者（调查者）的经历的不同而在捕捉者心中所形成的心像风景也不同，实际上聚落的建造和调查这两个过程事实上又是人的心像风景的一种转换和进行心像风景读解的过程。

建筑师进行设计的过程如同聚落的建造者建造聚落的过程一样，实际上是将自己的心像风景投射到现实的客观世界的过程，又由于每个聚落的建造者或建筑师实际上存在着心像风景的不同，于是就会产生投射在现实世界的聚落形态的不同，自然也就构成了整个聚落风景的不同。即使是生活在相同的聚落中或者是生活在相同的共同幻想中的建造者，实际上由于其彼此之间心像风景的不同，会呈现出作为心像风景的投射结果（对象物）之间的不同，共同幻想的相同的成分越大，彼此之间投射出的对象物的结果就越接近，反之就越不相同。但是这种对象物之间所表现出的“微差”或“差异”，实际上又是建造者之间的心像风景（不同建造者的心像风景）之间所形成的微差和差异。这种现象对设计师（建筑师）工作原理的理解是重要的。事实上，在进行建筑设计时，作为某一相同类型的建筑，其使用功能性的东西往往是一致的，这就如同我们建筑师在设计住宅或者学校时，作为住宅和学校的功能性的内容或者说对住宅和学校在功能分析上是一致的或极为接近的，否则这个住宅或学校就不可能正常地发挥功用。但是，现实中我们却会发现，即使是相同功能的住宅或学校，如果由不同的设计师来进行设计，设计出的结果是不一样的，而这正是因为建筑师头脑中的风景，或称建筑师的心像风景在彼此之间存有不同。

聚落风景的解读与风景的投射

如同聚落的风景是聚落建造者心像风景的表现物一样，建筑实际上同样是建筑师的心像风景所投射的结果。我们建筑师之所以要调查聚落，是因为我们从建筑师的视点上更能体会到聚落的建造者所期待转化的风景，以及在这种无意识的建造过程中观察到作为人类的基本需求，以及作为人类的基本建造的本能是怎样体现在聚落之中的。而所有这些正是我所理解的以建筑师的立场来对聚落进行调查的意义。

作为建筑师，我所设计的建筑，应该是我头脑当中空间的一个概念的投射，也是我的心像风景的一个投射。这个“应该”是一个基本的条件，如果设计师的设计不是自己头脑中的而是从其他地方搬来的（或模仿的），亦或是受别人所指使的（如被别人规定应该如何做），那么其所完成的对象物本身与设计师之间的关系并不是自我投射性的，即使是期待能够投射别人的心像风景，但由于设计师本人不是别人，所以他无法投射别人的心像风景。

建筑师心像风景的养成，经验是重要的。调查聚落的过程本身并不是期待马上能够将聚落的形态搬来使用的过程，聚落调查和聚落体验是一种积累，是以从聚落中捕捉作为人类基本生活中所表现出的智慧以及基本需求为目的。从这个层面上来说，聚落中散步的过程实际上又是一个汲取营养的过程，由于前面所述建筑师的设计实际上是心像风景的一个投射，其投射的结果也的的确确表现为物体，但是这里的物体只不过仅仅是一个显现物，是一个表达投射者心像风景的媒介。通过这个作为媒介的物质再度投射到使用者或调查者，并在使用者或调查者的头脑中产生的新的心像风景，才是设计的意义。作为建筑师而言，经验的丰富会造成所谓心像风景的丰富，同时也会造成所投射结果的显现物的丰富。

关于人的身体与聚落的调查

无论在怎样的情形之下，对于一个问题的理解的深度实际上归根结底都落实到一个最终的问题上，即人的意识问题，因为意识决定了个人对于物的理解。尽管建筑在建造的过程中涉及很多诸如建筑材料、建筑技术、建筑施工等物质方面的要素，但所有这些实际上都是为了表达一种期待，表达某种设想。所以建筑的设计和建造之前最先要有的东西就是建筑师的设计理念和具有的某种想象力的东西，尽管这些在未表达出来之前表现得都非常的抽象，确切地说是非现实性的或者可以称为超现实性的东西。而力图明确和读解这种超现实性东西的存在，聚落调查则显得非常的重要。

进行聚落研究一定要亲身去调查聚落，并且在调查的过程中不仅仅要去拍摄照片，更重要的是要通过自己身体的感觉将聚落的空间关系记录下来。因此在聚落调查中有两个工具是必备的，一个是指北针，另一个就是卷尺。但卷尺并不是为测量长距离使用的，卷尺仅是准备为你测量细部或细小东西的时候来使用的。在测量的过程中，重要的尺子还应该是人体身上的“尺子”，即用步、手、肘臂等人体中已经具备的尺子来测量聚落。步测是聚落测绘时的重要“工具”，同时也是将现有的具象的聚落空间还原为身体中的空间的重要过程和道具，因为聚落建造时也往往是用步来确定聚落的尺度的，所以“步”称得上是进行聚落空间读写时的重要装置。所以进行步测之前要在平时多拿尺子测下自己的步伐，并把平均步伐的尺寸记录下来，这是非常重要也非常有效率的一种测量手段，因为在步测的过程中，如前所述尺度的概念将会由于步测而还原到测绘者的身体之中，同时也是通过自己的身体在还原聚落建造者的步伐。

同时手的尺寸以及手臂的尺寸，同样也必须牢记，因为这是人体的尺度，是设计工作中一个判断的标准。比如由于具有了这样的身体上的尺度关系，即使不采用尺规测量，当在某个空间里走一圈后，也可以依靠自己的身体把握住空间的关系。

实际上，这里之所以强调依靠自己身体的尺度去测量对象，是因为对于聚落的建造者而言，在聚落建造的过程中，在凿山为宅的过程中，居民们不可能拿尺子一点点地去测量是多凿一点还是少凿一点，事实上，在确定是否合适的过程中对于空间的把握完全是根据感觉上的尺度去完成的，空间是否合用，通过步测丈量的手段并选择合适的长度和宽度范围，房子就盖起来了。

在测绘的过程中，实际上调查者的身体所获得的感觉应该是房子的建造者的空间感觉，在调查者身体上投射出来的阅读的结果，而这种结果也就成为调查者的空间感觉。这一点是非常重要的。评价一个建筑的好与坏不仅仅是针对一个建筑的物理性的东西进行判断，更应该是针对设计者是否已经原原本本地将他的感觉传达给了阅读者进行判断。无论是诗也好、小说也好、绘画也好，因为都是一个人的创作，所以彼此之间存在有共通的原理。

那么作为一个观察者能否最大限度地读解出设计者或曰创作者所转换到“对

象物”之中的内容并有一个相对完全的理解？这不仅仅是要靠知识才能够解决的问题，更重要的就是“直观”的重要，即通过一个物能够洞察到，或者说通过小小的一个现象直接洞察到其本质，这是在聚落调查当中非常重要的思想方法。我们能不能透过聚落中的整体对“物”进行“直观”而看到原创者的动机、意图，是判断能否对于聚落有更加深入理解的关键。中国古代有所谓“涉浅水者见虾，其颇深者察鱼鳖，其尤甚者观蛟龙”三种境界，表达的就是“直观”这个状态的不同层次的理解的不同。而在“直观”时，作为“对象物”的聚落是不变的，“直观”到“本质”只与观察者有关，而与“对象物”无关。而这就是我们为什么要不断地调查聚落,不断地要进行记录,不断地提高“直观”的能力的原因。通过“记录”和“绘制”，培养出能够“看到”的能力，这是非常重要的。具体来说就是你在记录的时候，你在纸上画，你记录哪里，你的眼睛就会观察到哪里，你的眼睛所观察的点，实际上与纸上的记录就形成了联结。你画的过程，实际上也是你头脑中刻画痕迹的一个过程。通过不断地测绘，不断地在头脑中刻画出痕迹，通过这种大量的积累，我们的头脑变得丰富。所以我们说，聚落调查不能仅仅只是看或拍摄图片，更应该在测绘的过程当中，通过皮肤进行感觉，通过在聚落中行走，感知聚落空间给我们身体造成的，包括空气、气味等各种因素作用在我们身体上的感觉。

人的感官不仅仅只是眼睛，我们身体的每一个部位实际上都是感官。比如说当你走在一个很窄的小胡同里面，即使闭上眼睛你也会感觉到来自两侧的压迫感。建筑更是如此，建筑师做的事情就是要把自己感觉的东西投射出来，这个时候需要的是建筑师的经验和建筑师的判断力。

关于经验与判断

聚落调查的过程同时还是判断力培养的过程，一个东西是“好”还是“不好”，根据什么判断？对建筑的判断力的培养，一方面是源于书本里的知识，但更重要的是源于实际和亲身的体验。因为建筑不是二维的图片，建筑是一个多维度的对象物，只有体验才能进行判断。判断是非常个人的行为过程。在进行设计活动的过程中，我们“画蛇添足”，实际上就是因为判断力出了问题，面对画好了的蛇，会突然觉得还不够，于是就又画了一只脚。虽然在“画蛇添足”的过程中做了很多的工作，付出了很多的劳动和气力，但实际上由于这个判断出现了问题，从而最终导致了错误的结果。建筑设计非常重要的一点就在这里。我们设计了很多东西，可能这个细部是不需要的，是否有过度设计的问题？实际上聚落中的建筑所表现出的“合适”和“得体”这两方面的特征给我们在“判断力”上以教示和启迪。

“模仿”与“创作”的思考

“聚落是建筑师的牛奶”，建筑师体验聚落的过程其目的并不是要去进行模仿，在这里有必要谈到“采风”和“经验”之间的区别。将民间的东西直接引用的状态，我以为是“采风”，而“经验”与“采风”有所不同，作为调查者走进聚落，通过经验将聚落建造者的心像风景“投射”到调查者的头脑中。而之后当角色发生转换之后（调查者成为设计者时），建筑师的设计就是将经验所形成的存在于设计师胸中的心像风景投射到现实中。“采风”有模仿的成分，是以民间的东西为基调进行修改放大。我们去聚落调查之后，如果在设计时我将聚落搬来，是聚落采风而不是聚落体验。

聚落调查的过程实际上是客观对象“投射”到头脑当中的过程。这个过程应该是一个抽象的过程，是一个“客体”投射到“主体”头脑当中的过程，是客观的“物”（object）变成印象或变成风景的一个过程。这个过程的完成不仅仅依靠视觉，更要依靠一个身体整体的体验。这种过程所产生的印象和风景不再是清晰的客观物体，而是另外一种存在于意识之中的感觉中的风景，是非物质性的东西。

建筑师通过调查聚落获得的是聚落中居住者（同时也是建造者）们的“心像风景”。作为调查者，所经历的聚落遍布不同的地域和民族，所获得风景和经验自然千变万化。如果设计师对于世界各地进行聚落的整体体验之后，那么他所获得的则是一种“世界的风景”。这种“风景”在调查者建筑师的头脑中经搅拌而产生的全新的心像风景是建筑师进行新的投射的源泉。以“搅拌”过而形成的心像风景而进行的投射（即设计），是一种全新的风景的展示，是超越和摒弃模仿的开始。

聚落散步本来是随意和漫不经心的，但正是这种漫不经心中，却涌出诸多的杂思索念。聚落漫步，从某种意义上讲实际上又是一个在“昨天城市”中体验着“昨天风景”的过程，这种昨天的风景是因地域与交通不发达所产生的共同幻想的制约而产生和发生着的多样性的风景。在当今世界处于一个信息交换频繁、地域之间距离感迅速消失的今天，作为设计师时时地在投射着怎样的风景，或者应该投射怎样的风景，却是在聚落散步中一直无法摆脱和挥之不去并萦绕在脑海中的问题。

作者介绍

王 昀 博士

1985 年 北京建筑工程学院建筑系获学士学位
1995 年 日本东京大学大学院获工学硕士学位
1999 年 日本东京大学大学院获工学博士学位

现任 方体空间工作室主持建筑师（www.fronti.cn）
北京大学建筑与景观设计学院副院长
北京大学建筑学研究中心
世界聚落文化研究所主任
中国美术家协会会员
中国美术家协会建筑艺术委员会委员
《建筑师》、《华中建筑》、《城市·环境·设计》
《城市·空间·设计》、《a+a》、日本《新建筑》中文版等杂志编委

国际建筑设计竞赛获奖经历：
1993 年 日本《新建筑》第 20 回日新工业建筑设计竞赛获二等奖
1994 年 日本《新建筑》第 4 回 S×L 建筑设计竞赛获一等奖

主要建筑作品：

善美办公楼门厅增建、60平米极小城市、石景山区财政局培训中心、
庐师山庄、百子湾中学校、百子湾幼儿园、杭州西溪湿地艺术村H地块会所等

参加展览：

2004年　参加"'状态'中国青年建筑师8人展"
2004年　首届中国国际建筑艺术双年展参展
2006年　第二届中国国际建筑艺术双年展参展
2009年　比利时布鲁塞尔举办的"'心造'——中国当代建筑前沿展"参展
2010年　威尼斯建筑艺术双年展参展
2010年　德国Karlsruhe Chinese Regional Architectural Creation 建筑展
2011年　捷克Prague 中国 当代 建筑展
2011年　意大利罗马"向东方－中国建筑景观"展

出版有《传统聚落结构中的空间概念》、《空间的界限》、《从风景到风景》、《空间的潜像》、
《向世界聚落学习》繁体字版、《一座房子的哲学观》、《空间穿越》、《空谈空间》等建筑理论专著